Rajani Boddepalli

Relógio em tempo real baseado no sistema de energia de rastreamento solar de energia ideal

Rajani Boddepalli

Relógio em tempo real baseado no sistema de energia de rastreamento solar de energia ideal

ScienciaScripts

Imprint

Any brand names and product names mentioned in this book are subject to trademark, brand or patent protection and are trademarks or registered trademarks of their respective holders. The use of brand names, product names, common names, trade names, product descriptions etc. even without a particular marking in this work is in no way to be construed to mean that such names may be regarded as unrestricted in respect of trademark and brand protection legislation and could thus be used by anyone.

Cover image: www.ingimage.com

This book is a translation from the original published under ISBN 978-620-2-30524-2.

Publisher:
Sciencia Scripts
is a trademark of
Dodo Books Indian Ocean Ltd. and OmniScriptum S.R.L publishing group

120 High Road, East Finchley, London, N2 9ED, United Kingdom
Str. Armeneasca 28/1, office 1, Chisinau MD-2012, Republic of Moldova, Europe
Printed at: see last page
ISBN: 978-620-5-69405-3

Conteúdos

ABSTRACT

Um protótipo de um sistema de painel solar multinível com um relógio de tempo real (RTC) baseado num rastreador solar automatizado foi focalizado para a sua utilização em áreas residenciais urbanas. A Índia enfrenta hoje em dia uma colossal escassez de energia. A maior parte da energia provém de fontes convencionais. Como estas fontes são limitadas, as energias renováveis podem desempenhar um papel vital. Entre elas, a energia solar é mais conveniente de utilizar e está disponível em enorme quantidade. As células fotovoltaicas (painéis solares) são utilizadas para converter esta energia em energia eléctrica. Mas, como o sol não é fixado num determinado local, os painéis solares fixos convencionais não podem gerar energia óptima.

Neste projecto, foi apresentada uma metodologia de concepção de um rastreador solar de eixo único baseado em Ardunio. É composto por servo motor, placa microcontroladora Arduino-Uno, um RTC e estrutura mecânica composta por uma caixa de velocidades e estrutura de suporte. O motor de engrenagem é utilizado para guiar o painel ao longo da direcção do sol enquanto RTC, para alimentar a data e hora actuais. O objectivo deste projecto foi o de desenvolver um protótipo de baixo custo para o painel solar, com um óptimo rastreio de potência. Verifica-se que a potência extraída por este método é 20% maior do que a dos painéis solares fixos convencionais.

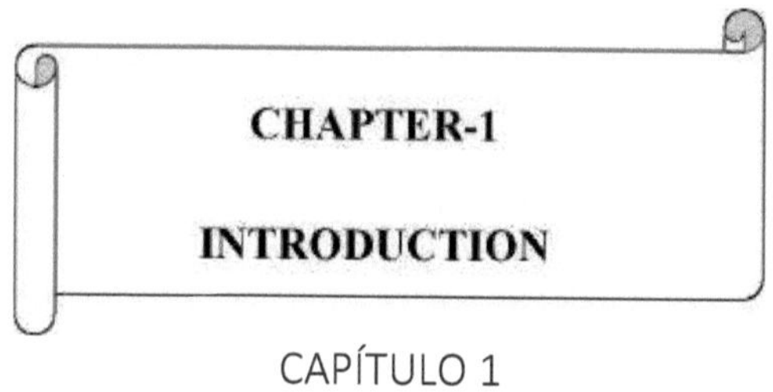

CAPÍTULO 1

1.1 VISÃO GERAL DO PROJECTO:-

No futuro, os combustíveis fósseis como o gás, o petróleo e o carvão deixarão de o ser. Estes são argumentos para o aquecimento global e problemas de poluição atmosférica. Os preços dos combustíveis fósseis aumentam de dia para dia devido à procura e ao aumento das indústrias e veículos. Precisávamos de energia limpa e não poluente. Isto pode ser conseguido a partir da nossa fonte natural de energia renovável. A natureza fornece várias fontes de energia renováveis. Uma das fontes renováveis importantes é a solar, a radiação solar é utilizada para produzir a energia solar térmica com a ajuda dos concentradores solares.

Actualmente, são utilizados os quatro métodos seguintes para concentrar a energia térmica solar, tais como sistema linear Fresnel, sistema de pratos solares, sistema de calhas parabólicas, sistemas de torres solares. O desempenho da concentração do prato solar depende fortemente do desenho, do dimensionamento da abertura e do diâmetro do receptor, do diâmetro do prato, do azimute e do ângulo de elevação [1-2]. A fim de seguir o sol, é utilizado um sensor fotossensível e um algoritmo de cálculo de coordenadas. O processo de seguimento do sol está a ser feito com afinação fina do sensor fotossensível [3]. Seis feedbacks de fototransistor são utilizados para controlar um sistema concentrador solar automatizado. É um sistema de seguimento de dois eixos tanto de elevação como de ângulo de azimute, controlado por seis sensores fototransístores cobertos com lentes [4]. O sistema de rastreio de dois eixos baseado em circuito aberto PLC é utilizado para concentrador de prato solar (SDP) [5].

A eficiência do rastreio manual será inferior à do sistema de rastreio solar automático. A eficiência será aumentada quando a irradiação solar for perpendicular ao receptor. É feita pelo sistema de rastreamento automático [6-7]. O caminho do sol foi encontrado com a ajuda de técnicas analógicas e digitais juntamente com fototransistores. O método de programação baseado em software PLC de dois eixos de rastreio solar é utilizado para aumentar a energia de 41,34% do que o sistema fixo. O concentrador de pratos portátil com sistema de rastreio solar foi aumentado a eficiência para 30%. Panela solar esférica com PLC automático e sistema de rastreio de controlo de frequência produziu temperatura até 93oC.

O algoritmo MPPT no sistema de monitorização solar produziu em 12 a 30% de percentagem de energia do que o sistema fixo. A combinação de electrónica e sistema de rastreamento solar mecânico é utilizada para o alinhamento dos concentradores solares. A energia máxima pode ser produzida a partir deste sistema electromecânico. FPGA (Field programmable gate array) com MPPT sistema de rastreamento solar de dois eixos tem as várias funções inteligentes que podem ser utilizadas para alcançar o rastreamento solar automático, posição inicial para o dia seguinte e minimizar a potência utilizada pelo motor passo-a-passo em tempo activo. Hongyi Wang et al concebeu o MPDT (Maximum Power Direction Tracking) com sistema autoprogramável; tem o potencial de produzir a máxima energia solar, ajustando um pequeno ângulo de inclinação sem interrupção humana. A precisão do rastreio é de +/-1,8 graus e o ganho é de 18,4%. Em comparação com o módulo fixo, o módulo de rastreamento gera 13-15% de saída. O desempenho térmico do CPC foi aumentado, quando o sistema equipado com sistema de rastreamento solar de duplo eixo. A energia recebida é superior a 75% em comparação com o colector fixo. Uma equação é utilizada para comparar entre dois colectores. Um é fixo e o outro está ligado com um seguidor solar. A quantidade total de energia produzida pelo sistema de rastreamento é de 57% do que o sistema sem rastreamento. Um sistema de rastreamento solar baseado em quatro fototransístores proporciona precisão suficiente no sistema de rastreamento. Este sistema de microcontrolador contém a combinação de comparadores, saída de sensores e amplificador diferencial. Um sistema de rastreamento solar concebido com controlador PLC (Programmable Logic Control) é utilizado para seguir o sol. Tem a função de seguir o sol em altitude e movimento azimutal. A energia produzida por este sistema é de 42,6% em comparação com um sistema sem rastreio.

Nesta tese o sistema desenvolvido de rastreamento solar foi instalado em Thrive Technology,

Coimbatore, Tamil Nadu, Índia. O principal objectivo deste actual sistema de rastreamento solar é directamente controlado por um dispositivo de relógio em tempo real (RTC), que fornece tempo real. Com base neste relógio em tempo real, o dispositivo de rastreio seguirá o sol na atmosfera. Este sistema não está dependente do sensor. Assim, os dados da hora actual do dispositivo de RTC que envia directamente para o dispositivo de microcontrolador sem qualquer perda de dados. Um protocolo I2C é utilizado entre o dispositivo RTC e o dispositivo de microcontrolador para a comunicação de dados. A principal vantagem deste protocolo é proporcionar uma rápida transmissão de sinal e funcionamento em ambiente sonoro. Foi utilizado um sistema de engrenagem mecânico simples para rastrear o sol em movimento azimutal. Portanto, o concentrador de prato solar recebe a radiação solar máxima. O benefício deste sistema actual é a baixa potência, o baixo custo e o sistema portátil.

1.2 SEGUIDOR SOLAR :-

Um rastreador solar é um dispositivo que mantém o controlo do sol. Segue o caminho do sol ao longo do dia com a ajuda de sensores. Uma vez que a posição do sol no céu muda com o tempo e o ângulo de altitude e ângulo de azimute varia continuamente, os seguidores solares são utilizados para alinhar o sistema de recolha de energia. Os seguidores solares são utilizados para painéis solares em centrais de energia solar onde a geração de energia é desejável até ao limite máximo. Assim, nos sistemas de rastreamento solar, os painéis solares são montados numa estrutura que se move para rastrear o movimento do sol ao longo do dia. A concentração de energia térmica por dispositivos ópticos (espelho, prisma e lente) também requer rastreamento solar.

1.2.1 Tipos de rastreador solar:-

O sistema de rastreio solar é classificado pelos seus graus de rotação. De acordo com os graus de rotação, os rastreadores podem ser agrupados em duas categorias primárias.

Seguidor Solar de Eixo Único.

Rastreador solar de duplo eixo.

1.2.1.1 Rastreador Solar de Eixo Único:-

Um rastreador solar de eixo único segue o movimento do sol tanto horizontal como verticalmente. Como o nome sugere, este tipo de seguidor tem apenas um eixo para rotação. O rastreador solar de tipo horizontal é utilizado em regiões tropicais onde o sol fica muito alto ao meio-dia, mas os dias são curtos. Por outro lado, o rastreador solar de tipo vertical é utilizado em áreas com latitudes elevadas onde o sol não fica muito alto, mas os dias de Verão podem ser muito longos. Em aplicações de energia solar concentrada, os seguidores de eixo único são utilizados com desenhos parabólicos e espelhos Fresnel lineares.

1.2.1.2 Seguidor Solar de Eixo Duplo:-

Um rastreador solar de duplo eixo tem dois graus de rotação. Pode seguir o sol tanto horizontalmente como verticalmente. Este tipo de seguidor pode ser utilizado em qualquer parte do mundo e garante a máxima eficiência na obtenção de energia solar. As aplicações de energia solar concentrada (CSP) que utilizam o rastreio de duplo eixo incluem torres de energia solar e sistemas de pratos. O rastreio de duplo eixo é extremamente importante em aplicações de torres de energia solar porque o erro angular é crucial para distâncias mais longas entre o espelho e o receptor central localizado na estrutura da torre. A concepção do sistema de seguimento de duplo eixo é complexa do que o seguimento de eixo único e a operação é mais consumidora de energia. Contudo, para a produção de energia solar de grande escala, o rastreio de duplo eixo é mais económico.

1.3 MÉTODOS DE RASTREAMENTO SOLAR:-

Existem três métodos de rastreamento solar.

1. Rastreio activo
2. Rastreio Passivo
3. Rastreamento Cronológico

1.3.1 Active Tracking:-

A posição do sol é continuamente determinada pelos sensores durante o dia. O sensor desencadeia o movimento do motor ou do actuador de forma a que o painel solar esteja sempre virado para o sol durante todo o dia. O seguimento activo é preciso com a ajuda dos sensores. Mas o principal problema ocorre quando os sensores não conseguem discriminar entre as medidas e dão disparo falso ou falham o disparo original durante os dias nublados.

1.3.2 Seguimento Passivo:-

O método de rastreio passivo não utiliza sensores como o rastreio activo. Em vez de utilizar sensores, um rastreador passivo move-se em resposta ao desequilíbrio de pressão entre dois pontos nas extremidades do rastreador. Este desequilíbrio de pressão é causado pelo calor do sol que cria pressão de gás a partir de gás comprimido de baixo ponto de ebulição. A pressão move a estrutura. Este método não tem de depender de sensores eléctricos e requer uma quantidade insignificante de energia para funcionar. Contudo, a concepção mecânica tem de ser muito crucial para manter a precisão.

1.3.3 Rastreamento Cronológico:-

Um rastreador cronológico é um sistema de rastreamento baseado em temporizador. A estrutura é movida a uma velocidade fixa ao longo do dia, uma vez que o sol se move através do céu a uma velocidade fixa de cerca de 15 graus por hora. Este método é mais adequado para o rastreio de um eixo sem sensores. Para o rastreio de eixo duplo, pode ser implementada uma versão modificada. A posição do sol ao longo do dia pode ser calculada e definida pelo programa implementado no módulo controlador. O rastreador solar roda de acordo com os dados enviados da memória da unidade de controlo de dados pré-armazenados ou calculados a partir de determinada fórmula. Este método de rastreio solar é preciso e fiável. No entanto, o armazenamento de dados, o cálculo da transmissão contínua de dados consome energia e a rotação desnecessária quando a luz solar é demasiado baixa nunca pode ser evitada.

Todos os três métodos são aplicáveis com sistema de rastreio de eixo simples e duplo eixo. O método mais adequado é determinado pela localização da instalação, finalidade da produção e procura de energia solar. Os rastreadores modernos combinam tanto o método controlado por sensor como o método menos controlado por sensor, ao mesmo tempo, para aumentar a eficiência.

1.4 Componentes básicos do Sistema de Seguimento Solar:-

Um seguidor solar tem vários componentes básicos [4]. Os principais componentes são descritos aqui

1.4.1 Algoritmo de Seguimento do Sol:

O rastreio solar pode ter algoritmo de controlo de ciclo aberto ou algoritmo de controlo de ciclo fechado. O algoritmo de controlo de ciclo aberto envolve o cálculo do azimute e do ângulo de altitude do sol numa plataforma puramente matemática baseada em referências astronómicas. A componente de ciclo aberto é necessária porque o sol pode ser obscurecido por nuvens, eliminando ou distorcendo os sinais de feedback. O algoritmo de controlo em circuito fechado inclui a detecção da posição do sol pelo método de detecção da luz em tempo real e é necessário para eliminar erros devido à variabilidade na instalação, montagem, calibração e montagem do codificador. Estes dois métodos podem ser combinados para manter o equilíbrio entre a concepção económica e o aumento da eficiência.

1.4.2 Unidade de Controlo de Rastreadores:

A unidade de controlo executa o algoritmo de seguimento do sol e os cálculos necessários. Pode também coordenar o movimento do sistema de posicionamento. Um microprocessador ou um computador pode ser utilizado como centro da unidade de controlo. Tem normalmente um mecanismo de entrada e saída de dados de comando para a interface. Para os seguidores colocados em região remota, o mecanismo de controlo automático de rastreio é o mais adequado.

1.4.3 Sistema de Posicionamento e Mecanismo de Transmissão:

O sistema de posicionamento move o rastreador solar de acordo com a preferência da unidade de controlo. Pode ser electrónico ou hidráulico. Os sistemas eléctricos utilizam codificadores e variadores de frequência ou actuadores lineares para monitorizar a posição actual do painel e mover-se para as posições desejadas. O mecanismo de accionamento inclui dispositivos mecânicos - motores rotativos, actuadores lineares, accionadores lineares, cilindros hidráulicos, accionadores giratórios, engrenagens sem fim, engrenagens planetárias, e fusos roscados. Estes accionamentos podem ser de diferentes tipos, de acordo com o método de concepção.

1.5 Tipos de Painéis Solares :-
1.5.1 Painéis solares monocristalinos:

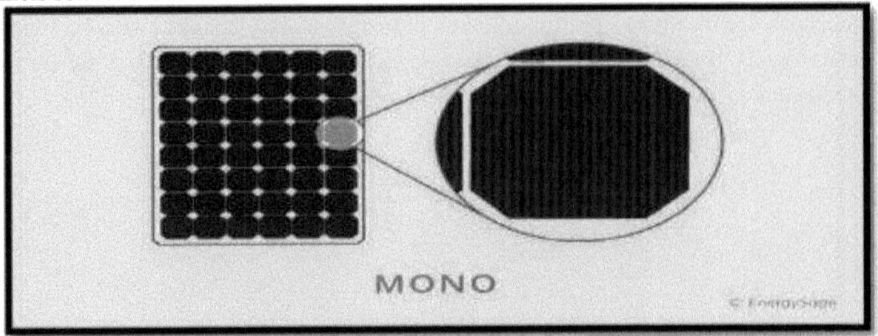

Fig1:Painel solar mono-cristalino

Se vir um painel solar com células negras, o mais provável é que seja um painel monocristalino. Estas células parecem pretas devido à forma como a luz interage com o cristal de silício puro. Enquanto as próprias células solares são pretas, os painéis solares monocristalinos têm uma variedade de cores para as suas folhas e molduras traseiras. A folha traseira do painel solar será mais frequentemente preta, prateada ou branca, enquanto as molduras metálicas são tipicamente pretas ou prateadas.

1.5.2 Painéis solares policristalinos:

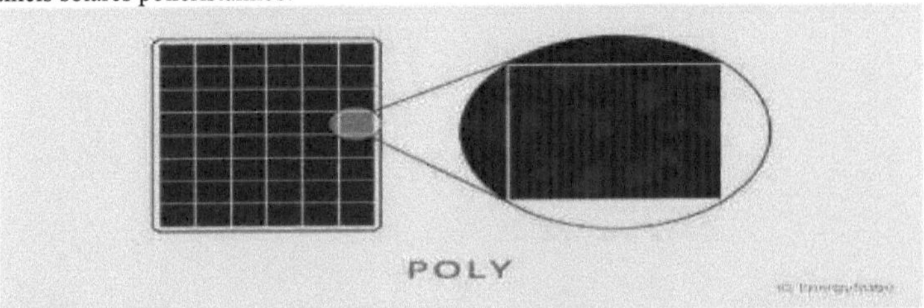

Fig2:Painel solar poli-cristalino

Ao contrário das células solares monocristalinas, as células solares policristalinas tendem a ter um tom azulado devido à luz que reflecte os fragmentos de silício na célula de uma forma diferente da que reflecte uma pastilha de silício monocristalino puro. Da mesma forma que os painéis monocristalinos, os painéis policristalinos têm cores diferentes para as folhas e molduras traseiras. Na maioria das vezes, as molduras dos painéis policristalinos são prateadas, e as folhas traseiras são prateadas ou brancas.

1.5.3 Painéis solares de película fina:

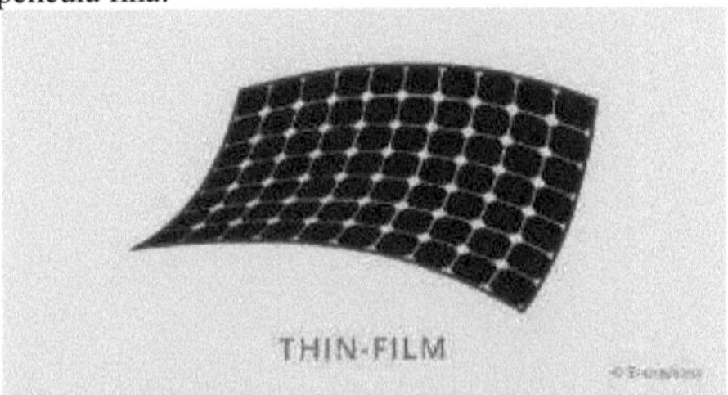

Fig3:Painel solar de película fina

O maior factor estético diferenciador quando se trata de painéis solares de película fina é o quão fina e de baixo perfil a tecnologia é. Como o seu nome sugere, os painéis de película fina são frequentemente mais finos do que outros tipos de painéis. Isto porque as células dentro dos painéis são cerca de 350 vezes mais finas do que as bolachas cristalinas utilizadas nos painéis solares monocristalinos e policristalinos. É importante ter em mente que enquanto as próprias células de película fina podem ser muito mais finas do que as células solares tradicionais, um painel inteiro de película fina pode ser semelhante em espessura a um painel solar monocristalino ou policristalino se incluir uma estrutura espessa. Existem painéis solares de película fina adesiva que se situam na superfície de um telhado, mas existem painéis de película fina mais duráveis que têm armações de até 50 milímetros de espessura.

Solarpanel tipo	Vantagens	Desvantagens
Monocristalino	Estética de alta eficiência / desempenho	Custos mais elevados
Policristalino	Baixo custo	Baixar eficiência/performance
Filme fino	Estética leve, portátil e flexível	Mais baixo eficiência/performance

1.6 Funcionamento da célula fotovoltaica :-

Quando a luz atinge uma superfície, ela pode ser reflectida, transmitida, ou absorvida. A absorção da luz é simplesmente a conversão da energia contida no fotão incidente em alguma outra forma de energia. Tipicamente, esta energia é sob a forma de calor; contudo, alguns materiais absorventes como as células fotovoltaicas (PV) convertem os fotões incidentes em energia eléctrica (Messenger e Ventre 2004). Um painel fotovoltaico tem um ou mais módulos fotovoltaicos, que consistem em células fotovoltaicas ligadas. A figura 3 mostra a estrutura esquemática e o funcionamento de uma célula fotovoltaica.

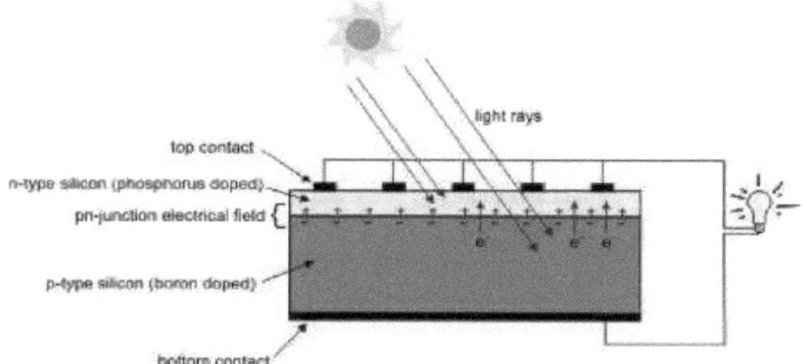

Fig4:Estrutura da célula fotovoltaica e esquema de funcionamento

Tipicamente, uma célula PV de silício contém duas camadas. A camada superior é constituída por uma fina folha de silício dopado com fósforo (carregado negativamente ou tipo n). Por baixo desta folha encontra-se uma camada mais grossa de silício dopado com boro (carregado positivamente ou do tipo p). Uma característica única destas duas camadas é que uma junção positiva-negativa (pn) é criada quando estes dois materiais estão em contacto. Uma junção pn é na realidade um campo eléctrico capaz de criar um potencial eléctrico quando a luz solar brilha sobre a célula fotovoltaica. Quando a luz solar atinge a célula fotovoltaica, alguns dos electrões da camada de silício tipo p serão estimulados a mover-se através da junção pn para a camada de silício tipo n, fazendo com que a camada tipo p tenha um potencial de tensão mais elevado do que a camada tipo n. Isto cria um fluxo de corrente eléctrica quando a célula fotovoltaica é ligada a uma carga. O potencial de tensão criado por uma célula fotovoltaica típica de silício é de cerca de 0,5 a 0,6 volts dc em condições de circuito aberto, sem carga. A potência de uma célula fotovoltaica depende da intensidade da radiação solar, da área de superfície da célula fotovoltaica, e da sua eficiência global (FSEC 2005).

A eficiência de cada célula fotovoltaica individual determina directamente a eficiência do painel fotovoltaico. As células fotovoltaicas podem ser categorizadas em diferentes tipos de acordo com os seus

materiais componentes e características estruturais. A eficiência dos painéis fotovoltaicos disponíveis comercialmente é normalmente de 7-17% (Green et al. 2005).

Exemplos:-

1.6.1 Bombeamento solar:-

No bombeamento solar, a energia gerada pela energia solar é utilizada para bombear água para fins de irrigação. A necessidade de bombeamento de água é maior nos meses quentes de Verão que coincidem com o aumento das radiações solares durante este período, pelo que este método é o mais apropriado para fins de irrigação. Durante períodos de mau tempo, quando as radiações solares são baixas, a necessidade de bombeamento de água é também relativamente menor, uma vez que as perdas de transpiração das culturas são também baixas.

1.6.2Secagem solar de produtos agrícolas e animais:-

Este é um método tradicional de utilização da energia solar para a secagem de produtos agrícolas e animais. Os produtos agrícolas são secos num simples secador de armário que consiste numa caixa isolada na base, pintada de preto no lado interior e coberta com uma folha de vidro transparente inclinada.

Na base e no topo dos orifícios de ventilação laterais são fornecidos para facilitar o fluxo de ar sobre o material de secagem que é colocado em tabuleiros perfurados no interior do armário. Estes tabuleiros ou prateleiras perfuradas são cuidadosamente concebidos para proporcionar uma exposição controlada às radiações solares.

A secagem solar, especialmente de frutas, melhora a qualidade da fruta à medida que a concentração de açúcar aumenta com a secagem. Normalmente os frutos moles são particularmente vulneráveis ao ataque de insectos à medida que o teor de açúcar aumenta com a secagem, mas num secador de fruta poupa-se um tempo considerável ao reduzir as hipóteses de ataque de insectos.

A prática actual de secar as pimentas espalhando-as no chão não só requer muito espaço aberto e trabalho manual para o manuseamento do material, como se torna difícil manter a sua qualidade e sabor a menos que a secagem seja feita numa atmosfera controlada. Além disso, os produtos secos ao sol são muitas vezes estragados devido a chuvas repentinas, tempestades de pó ou por aves. Além disso, relatórios revelam que não é possível atingir um teor muito baixo de humidade nas malaguetas secas ao sol.

Como resultado, as malaguetas tornam-se propensas ao ataque de fungos e bactérias. Na secagem ao sol, por vezes, os produtos são secos em excesso e a sua qualidade é perdida. A secagem por energia solar ajuda a superar a maioria destas desvantagens.

Outros produtos agrícolas normalmente secos por sol são batatas fritas, be seem, grãos de milho e arroz, gengibre, ervilhas, pimenta, castanha de caju, secagem de madeira e folheado e cura de tabaco. A secagem por pulverização de leite e secagem de peixe são exemplos de produtos animais secos por via solar.

1.6.3 Geração de Energia Eléctrica Solar:-

A energia eléctrica ou electricidade pode ser produzida directamente a partir de energia solar por meio de células fotovoltaicas. A célula fotovoltaica é um dispositivo de conversão de energia que é utilizado para converter fótons de luz solar directamente em electricidade. É feita de semicondutores que absorvem os fotões recebidos do sol, criando electrões livres com altas energias.

Estes electrões livres de alta energia são induzidos por um campo eléctrico, a fluir para fora do semicondutor para fazer um trabalho útil. Este campo eléctrico em células fotovoltaicas é normalmente fornecido por uma junção p-n de materiais que têm diferentes propriedades eléctricas. Existem diferentes técnicas de fabrico que permitem a estas células alcançar a máxima eficiência.

Estas células estão dispostas em paralelo ou em combinação em série para formar módulos celulares. Algumas das características especiais destes módulos são alta fiabilidade, sem gastos em combustível, custo mínimo de manutenção, longa duração, portabilidade, modularidade, trabalho sem poluição, etc.

Células fotovoltaicas têm sido utilizadas para operar bombas de irrigação, avisos de travessia de estradas ferroviárias, sinais de navegação, sistemas de chamada de emergência rodoviária, estações meteorológicas automáticas, etc. em áreas onde é difícil colocar linhas eléctricas.

São também utilizados para monitorização meteorológica e como fontes de energia portáteis para televisões, calculadoras, relógios, leitores de cartões de computador, carregamento de baterias e em satélites, etc. Além destas, as células fotovoltaicas são utilizadas para a energização de conjuntos de bombas para irrigação, abastecimento de água potável e para fornecer electricidade em zonas rurais, ou seja, luzes de rua, etc.

1.6.4 Produção de energia solar térmica:-

A produção de energia solar térmica significa a conversão da energia solar em electricidade através da energia térmica. Neste procedimento, a energia solar é primeiramente utilizada para aquecer um fluido de trabalho, gás, água ou qualquer outro líquido volátil. Esta energia térmica é então convertida em energia mecânica m uma turbina. Finalmente, um gerador convencional acoplado a uma turbina converte esta energia mecânica em energia eléctrica.

1.6.5 Casas Verdes Solares:-

Uma casa verde é uma estrutura coberta com material transparente (vidro ou plástico) que actua como um colector solar e utiliza a energia solar radiante para cultivar plantas. Tem dispositivos de aquecimento, refrigeração e ventilação para controlar a temperatura dentro da estufa.

As radiações solares podem passar pelos vidros da casa verde, mas as radiações térmicas emitidas pelos objectos dentro da casa verde não podem escapar através da superfície envidraçada. Como resultado, as radiações ficam presas no interior da casa verde e resultam num aumento da temperatura.

Como a estrutura da casa verde tem um limite fechado, o ar no interior da estufa é enriquecido com CO_2, uma vez que não há mistura do ar da estufa com o ar ambiente. Além disso, há uma perda de humidade reduzida devido a uma transpiração restrita. Todas estas características ajudam a sustentar o crescimento das plantas ao longo do dia, bem como durante a noite e durante todo o ano.

1.7 Âmbito do projecto:

Como já tinha sido proposto construir um protótipo de painel solar multinível e já foi construído. O próximo plano será aumentar a eficiência do painel tanto quanto possível. Para isso, temos de utilizar o mesmo componente que utilizámos para a construção deste painel solar e que inclui Adriano, Mini Maestro (escudo do motor), RTC (Relógio em Tempo Real), placa de relés, actuador de 12V e bateria para alimentação de energia. Para aumentar a eficiência, os painéis que serão utilizados deverão gerar muito mais energia.

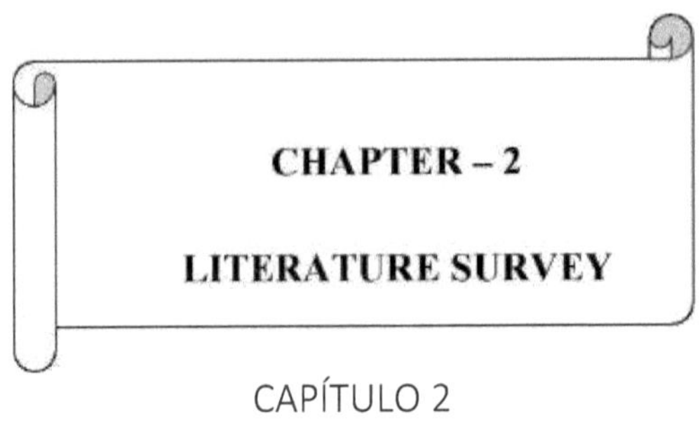

CAPÍTULO 2

2.1 POPULARIDADE DA ENERGIA SOLAR:-
Depois de fazer um rigoroso levantamento bibliográfico, a motivação do projecto é decidida.
Na literatura são referidos artigos e livros de revistas padrão.
In the paper," IMPLEMENTATION OF A PROTOTYPE FOR A TRADITIONAL SOLAR
TRACKING SYSTEM"
por Nader Barsoum publicado no Terceiro Simpósio Europeu UKSim de 2009 sobre Modelação e
Simulação por Computador descreve em detalhe a concepção e construção de um protótipo de sistema
de rastreio solar com dois graus de liberdade, que detecta a luz solar usando fotocélulas. O circuito de
controlo do rastreador solar é baseado num Arduino. Este é programado para detectar a luz solar
através das fotocélulas e depois accionar o motor para posicionar o painel solar onde pode receber a
máxima luz solar. Este papel trata de mover um painel solar juntamente com a direcção da luz solar;
utiliza um motor de engrenagem para controlar a posição do painel solar, que obtém os seus dados de
um Arduino. O objectivo é conceber e implementar um mecanismo automatizado de rastreio solar de
duplo eixo, utilizando um desenho de sistema incorporado, a fim de optimizar a eficiência da produção
global de energia solar.
No jornal intitulado,! Concepção e Construção de um Sistema de Rastreio Solar Automático pela Md.
Tanvir Arafat Khan, S.M.Shahrear Tanzil, Rifat Rahman, SM Shafiul Alam publicado na 6ª
Conferência Internacional sobre Engenharia Eléctrica e Informática ICECE 2010, 18-20 de Dezembro
de 2010, Dhaka, Bangladesh descreve uma metodologia de design baseada em Arduino
No artigo intitulado, Arduino Based Solar Tracking System! por Aleksandar Stjepanovic, Sladjana
Stjepanovic, Ferid Softic, Zlatko Bundalo publicado na Sérvia, Nis, 7-9 de Outubro de 2009 descreve
a concepção e construção de um sistema de rastreio de painéis solares baseado em microcontroladores.
O rastreio solar permite produzir mais energia porque a matriz solar é capaz de permanecer alinhada
com o sol. O artigo começa com a apresentação da teoria de fundo em sensores de luz e motores passo
a passo tal como se aplicam ao projecto. Nas conclusões são dadas discussões sobre os resultados do
design. O artigo começa com a apresentação da teoria de fundo, sensores de luz e motores passo-a-
passo, tal como se aplicam ao projecto. O documento continua com metodologias de desenho
específicas relativas a fotocélulas, motores de passo e controladores, selecção de microcontroladores,
regulação de voltagem, construção física, e uma explicação do funcionamento do software/sistema. O
documento conclui com uma discussão dos resultados do design e do trabalho futuro.
2.1.1 Sistema Solar de Seguimento Automático do Sol:
Rastreador solar automático. As resistências dependentes da luz são utilizadas como sensores do
seguidor solar. O rastreador concebido tem um mecanismo de controlo preciso que proporcionará três
formas de controlo do sistema. Um pequeno protótipo de sistema de rastreio solar é também
construído para implementar a metodologia de concepção aqui apresentada. Neste artigo é apresentada
a metodologia de concepção de um rastreador solar automático baseado em Arduino, simples e
facilmente programável. Um protótipo de rastreador solar automático assegura a viabilidade desta
metodologia de concepção.
2.1.2 Sistema Solar de Seguimento do Sol:-
No artigo intitulado, -Microcontroller-Based Two-Axis Solar Tracking System de Lwin Lwin Oo e
Nang Kaythi Hlaing publicado na Segunda Conferência Internacional sobre Investigação e
Desenvolvimento Informático descreve o desenvolvimento e implementação de um protótipo de
sistema de rastreio solar de dois eixos baseado num microcontrolador PIC. O reflector parabólico ou
prato parabólico é construído em torno de dois diâmetros de alimentação para captar a energia dos
sóis. O foco do reflector parabólico é o calculado oreticamente até um ponto infinitamente pequeno
para obter uma temperatura extremamente elevada. Este sistema de auto-patinagem de dois eixos foi
também construído utilizando o microcontrolador PIC 16F84A. A linguagem de programação de
montagem é utilizada para fazer a interface do PIC com o sistema de rastreio solar de dois eixos. A

temperatura no foco do reflector parabólico é medida com sondas de temperatura. Este sistema de auto-posicionamento é controlado com dois motores de caixa de engrenagens de 12V, 6W DC. Os cinco sensores de luz (LDR) são utilizados para rastrear o sol e para iniciar a operação (operação Dia/Noite). Os atrasos de tempo são utilizados para pisar o motor e alcançar a posição original do reflector. O sistema de seguimento solar de dois eixos é construído com implementações tanto de hardware como de software. Os desenhos da engrenagem e do reflector parabólico são cuidadosamente considerados e calculados com precisão.

2.2 Relógio em tempo real:-

O relógio em tempo real (RTC) é um dispositivo amplamente utilizado que fornece hora e data precisas para muitas aplicações. O chip RTC presente no PC fornece componentes de hora, minuto e segundo para além dos componentes de data/calendário do ano, mês e dia.

O chip RTC utiliza uma bateria interna que mantém a hora e a data mesmo quando a energia está desligada. Um dos chips RTC mais utilizados é o DS1307 do semicondutor Dallas.

2.2.1 Descrição:

O relógio série DS1307 em tempo real (RTC) é um relógio/calendário decimal (BCD) de baixa potência, com código binário completo, mais 56 bytes de NV SRAM. O endereço e os dados são transferidos em série através de um barramento I2C, bidireccional. O relógio/calendário fornece informações sobre segundos, minutos, horas, dia, data, mês e ano. A data do fim do mês é automaticamente ajustada para meses com menos de 31 dias, incluindo correcções para o ano bissexto. O relógio funciona no formato de 24 horas ou 12 horas com o indicador AM/PM.

O DS1307 tem um circuito de detecção de falhas de energia e muda automaticamente para a fonte de alimentação de reserva. A operação de cronometragem continua enquanto a peça opera a partir da fonte de alimentação de reserva.

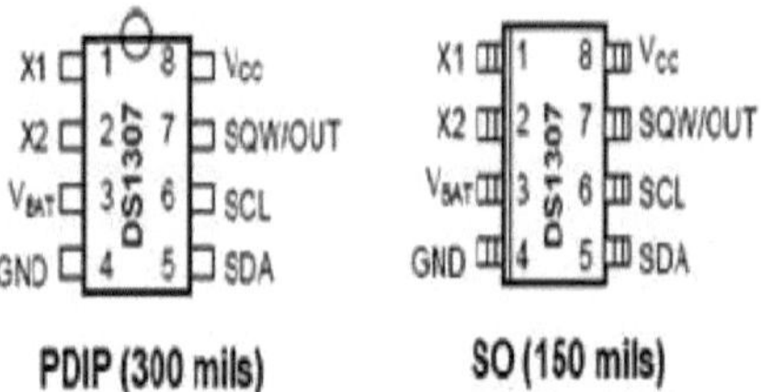

Fig5: Descrição do alfinete

2.2.2 Características:

Relógio em Tempo Real (RTC) Conta os segundos, minutos, horas, data do mês, mês, dia da semana, e ano com compensação por Salto válida até 2100.

- 56-Byte, RAM não volátil (NV) para armazenamento de dados.
- I2C Serial Interface.
- Sinal de saída de onda QUADRADA programável.
- Circuito automático de detecção e comutação de FALHAS de energia.
- Consome menos de 500nA em modo de bateria de RESERVA com Oscilador
A correr.
- Gama opcional de temperaturas industriais:-40°C a +85°C.
- Disponível em 8-Pin Plastic DIP or SO.

O DS1307 é um relógio/calendário de baixa potência com 56 bytes de SRAM suportado por bateria. O relógio/calendário fornece informações sobre segundos, minutos, horas, dia, data, mês e ano. A data no final do mês é automaticamente ajustada para meses com menos de 31 dias, incluindo correcções para o ano bissexto.

A DS1307 funciona como um dispositivo escravo no autocarro I2C. O acesso é obtido através da implementação de uma condição START e do fornecimento de um código de identificação do dispositivo seguido de um endereço de registo. Os registos subsequentes podem ser acedidos sequencialmente até que uma condição STOP seja executada. Quando o VCC cai abaixo de 1,25 x VBAT, o dispositivo termina um acesso em progresso e reinicia o contador de endereços do dispositivo. As entradas para o dispositivo não serão reconhecidas neste momento para evitar que dados errados sejam escritos para o dispositivo a partir de um sistema fora de tolerância. Quando o VCC cai abaixo do VBAT, o dispositivo muda para um modo de backup de bateria de baixa corrente. Ao ser ligado, o dispositivo muda de bateria para VCC quando VCC é maior que VBAT +0,2V e reconhece entradas quando VCC é maior que 1,25 x VBAT.

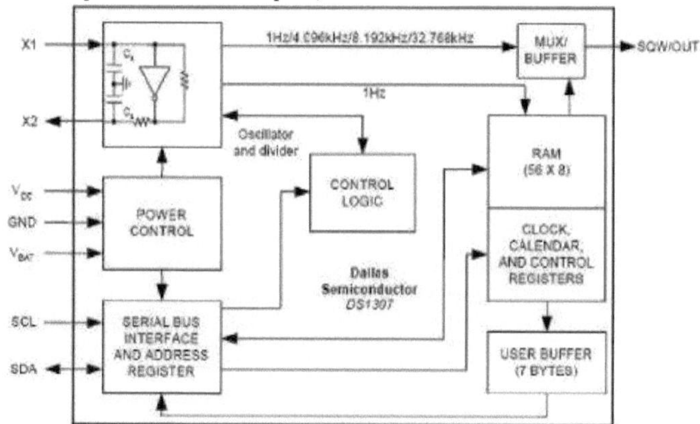

Fig6: Diagrama de blocos de DS1307

2.2.3 Circuito oscilador:

O DS1307 utiliza um cristal externo de 32,768 kHz. O circuito do oscilador não requer quaisquer resistências ou condensadores externos para funcionar. A tabela abaixo especifica vários parâmetros de cristal para o cristal externo. Se utilizar um cristal com as características especificadas, o tempo de arranque é normalmente inferior a um segundo.

2.2.4 Precisão do Relógio:

A precisão do relógio depende da precisão do cristal e da precisão da correspondência entre a carga capacitiva do circuito oscilador e a carga capacitiva para a qual o cristal foi aparado. O erro adicional será adicionado pelo desvio da frequência do cristal causado pelas mudanças de temperatura. O ruído do circuito externo acoplado ao circuito do oscilador pode resultar no funcionamento rápido do relógio.

PARÂMETRO	SYMBOL	MIN TIPO MÍNIMO	UNIDADES
Frequência nominal	fb	32.763	kHz
Resistência da série	ESR	45	kΩ
Capacitância de Carga	Cl	12.5	pF

Quadro1: Precisão do Relógio

2.2.5 RTC e mapa de endereços da RAM:

O quadro abaixo mostra o mapa de endereços dos registos DS1307 RTC e RAM. Os registos do RTC estão localizados nos locais de endereço das 00h às 07h. Os registos de RAM estão localizados nos locais de endereço 08h às 3Fh. Durante um acesso multi byte, quando o ponteiro de endereço atinge 3Fh, o fim do espaço RAM, ele envolve-se até ao local 00h, o início do espaço do relógio.

2.2.6 Relógio e Calendário

A hora e a informação do calendário são obtidas através da leitura dos bytes de registo apropriados. A tabela 2 mostra os registos do RTC. A hora e o calendário são definidos ou inicializados através da escrita dos bytes de registo apropriados. O conteúdo dos registos da hora e do calendário está no formato BCD. O registo do dia da semana aumenta à meia-noite. Os valores que correspondem ao dia da semana são definidos pelo utilizador, mas devem ser sequenciais (isto é, se 1 é igual a domingo, então 2 é igual a segunda-feira, e assim por diante.) As entradas ilógicas de hora e data resultam numa operação indefinida. O bit 7 do registo 0 é o bit de paragem do relógio (CH). Quando este bit é definido como 1, o oscilador é desactivado. Quando apagado a 0, o oscilador é activado.

É de notar que o estado inicial de ligação de todos os registos não está definido. Portanto, é importante activar o oscilador (CH bit = 0) durante a configuração inicial. O DS1307 pode ser executado em modo de 12 horas ou de 24 horas. O bit 6 do registo de horas é definido como o bit de 12 horas ou de 24 horas do modo de selecção. Quando elevado, o modo de 12 horas é seleccionado. No modo de 12 horas, o bit 5 é o bit AM/PM com a lógica alta sendo PM. No modo de 24 horas, o bit 5 é o segundo bit de 10 horas (20 a 23 horas). O valor da hora deve ser reentrado sempre que o bit do modo 12/24 horas for alterado.

Ao ler ou escrever os registos de hora e data, são utilizados buffers secundários (utilizadores) para evitar erros quando os registos internos são actualizados. Ao ler os registos de hora e data, os buffers do utilizador são sincronizados com os registos internos em qualquer I2C START. A informação da hora é lida a partir destes registos secundários enquanto o relógio continua a funcionar. Isto elimina a necessidade de reler os registos caso os registos internos sejam actualizados durante uma leitura. A cadeia divisória é reiniciada sempre que o registo de segundos é escrito. As transferências de escrita ocorrem no reconhecimento I2C da DS1307. Assim que a cadeia divisória for reiniciada, para evitar problemas de capotagem, os registos de tempo e data restantes devem ser escritos no prazo de um segundo.

ADDRESS	BIT 7	BIT 6	BIT 5	BIT 4	BIT 3	BIT 2	BIT 1	BIT 0	FUNCTION	RANGE
00H	CH	10 Seconds			Seconds				Seconds	00-59
01H	0	10 Minutes			Minutes				Minutes	00-59
02H	0	12 / 24	10 Hour / PM/AM	10 Hour	Hours				Hours	1-12 +AM/PM 00-23
03H	0	0	0	0	0	DAY			Day	01-07
04H	0	0	10 Date		Date				Date	01-31
05H	0	0	0	10 Month	Month				Month	01-12
06H	10 Year				Year				Year	00-99
07H	OUT	0	0	SQWE	0	0	RS1	RS0	Control	—
08H-3FH									RAM 56 x 8	00H-FFH

Tabela2: Registos de tempo

2.2.7 Registo de controlo

O registo de controlo DS1307 é utilizado para controlar o funcionamento do pino SQW/OUT.

BIT 7	BIT 6	BIT 5	BIT 4	BIT 3	BIT 2	BIT 1	BIT 0
OUT	0	0	SQWE	0	0	RS1	RS0

Bit 7: Output Control (OUT).

Este bit controla o nível de saída do pino SQW/OUT quando a saída da onda quadrada está desactivada. Se SQWE = 0, o nível lógico no pino SQW/OUT é 1 se OUT = 1 e é 0 se OUT = 0.

Bit 4: Square-Wave Enable (SQWE).

Este bit, quando colocado na lógica 1, permite a saída do oscilador. A frequência da saída de onda quadrada depende do valor dos bits RS0 e RS1. Com a saída de onda quadrada definida para 1Hz, o relógio regista a actualização na borda descendente da onda quadrada.

Bits 1, 0: Rate Select (RS1, RS0).

Estes bits controlam a frequência da saída de onda quadrada quando a saída de onda quadrada tiver sido activada. A tabela seguinte lista as frequências de onda quadrada que podem ser seleccionadas com os bits RS.

Quadro3: Instruções de controlo

RS1	RS0	SQW/OUT OUTPUT	SQWE	OUT
0	0	1Hz	1	X
0	1	4.096kHz	1	X
1	0	8.192kHz	1	X
1	1	32.768kHz	1	X
X	X	0	0	0
X	X	1	0	1

2.2.8 I2C Data Bus:-

A DS1307 suporta o protocolo I2C. Um dispositivo que envia dados para o autocarro é definido como um transmissor e um dispositivo que recebe dados como um receptor. O dispositivo que controla a mensagem é chamado de mestre. Os dispositivos que são controlados pelo mestre são referidos como escravos. O autocarro deve ser controlado por um dispositivo mestre que gera o relógio de série (SCL), controla o acesso ao autocarro, e gera as condições START e STOP. O DS1307 funciona como um escravo no autocarro I2C.

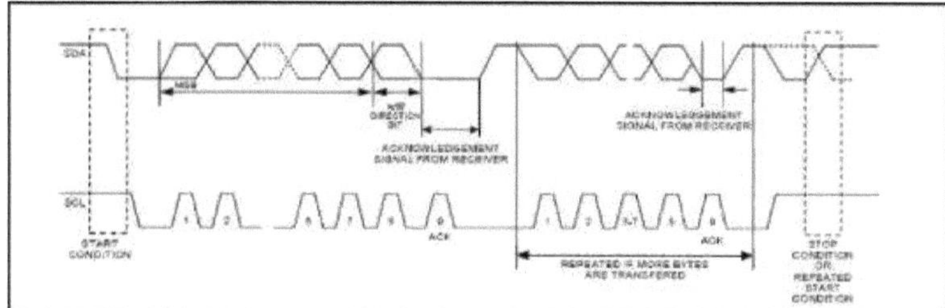

Fig7: Transferência de dados da I2C

A transferência de dados só pode ser iniciada quando o autocarro não estiver ocupado.

Durante a transferência de dados, a linha de dados deve permanecer estável sempre que a linha do relógio for ALTA. As mudanças na linha de dados enquanto a linha do relógio estiver alta serão interpretadas como sinais de controlo.

Consequentemente, foram definidas as seguintes condições de autocarros: Autocarro não

ocupado: Tanto as linhas de dados como as linhas de relógio permanecem ALTAS.

Iniciar a transferência de dados: Uma mudança no estado da linha de dados, de ALTO para BAIXO, enquanto o relógio é ALTO, define uma condição START.

Interromper a transferência de dados: Uma mudança no estado da linha de dados, de BAIXO para ALTO, enquanto a linha do relógio é ALTO, define a condição STOP.

Dados válidos: O estado da linha de dados representa dados válidos quando, após uma condição START, a linha de dados é estável durante o período de ALTA duração do sinal do relógio. Os dados da linha devem ser alterados durante o período BAIXO do sinal do relógio. Há um pulso de relógio por bit de dados. Cada transferência de dados é iniciada com uma condição START e terminada com uma condição STOP. O número de bytes de dados transferidos entre as condições START e STOP não é limitado, e é determinado pelo dispositivo mestre. A informação é transferida em bytes e cada receptor reconhece com um nono bit. Dentro das especificações do barramento I2C são definidos um modo padrão (100 kHz clock rate) e um modo rápido (400 kHz clock rate). O DS1307 funciona apenas no modo padrão (100 kHz).

Reconhecer: Cada dispositivo de recepção, quando endereçado, é obrigado a gerar um reconhecimento após a recepção de cada byte. O dispositivo mestre deve gerar um pulso de relógio extra que está associado a este bit de reconhecimento. Um dispositivo que reconhece deve puxar para baixo a linha SDA durante o impulso de confirmação do relógio, de modo a que a linha SDA fique estável BAIXO

17

durante o período ALTO do impulso do relógio relacionado com o reconhecimento. Evidentemente, os tempos de configuração e de espera devem ser tidos em conta.

Um mestre deve assinalar o fim dos dados ao escravo, não gerando um bit de reconhecimento no último byte que tenha sido contado do escravo. Neste caso, o escravo deve deixar a linha de dados ALTA para que o mestre possa gerar a condição STOP.

Dependendo do estado do bit R/W, são possíveis dois tipos de transferência de dados:

2.2.8.1 Transferência de dados de um emissor mestre para um receptor escravo.

O primeiro byte transmitido pelo mestre é o endereço do escravo. Segue-se um número de bytes de dados. O escravo devolve um bit de reconhecimento após cada byte recebido. Os dados são transferidos com o bit mais significativo (MSB) primeiro.

2.2.8.2 Transferência de dados de um transmissor escravo para um receptor principal.

O primeiro byte (o endereço do escravo) é transmitido pelo mestre. O escravo devolve então um bit de reconhecimento. A seguir, o escravo transmite um número de bytes de dados. O mestre devolve um bit de reconhecimento depois de todos os bytes recebidos, excepto o último byte. No final do último byte recebido, é devolvido um -não confirmar! O dispositivo mestre gera todos os impulsos do relógio em série e as condições START e STOP. Uma transferência é terminada com uma condição STOP ou com uma condição START repetida. Uma vez que uma condição START repetida é também o início da próxima transferência em série, o autocarro não será libertado. Os dados são transferidos com o bit mais significativo (MSB) primeiro.

2.2.9 O DS1307 pode funcionar nos dois modos seguintes:

2.2.9.1 Modo Receptor de Escravos (Modo Gravar):

Os dados de série e o relógio são recebidos através de SDA (Serial data) e SCL (Serial clock). Após cada byte ser recebido, um bit de confirmação é transmitido. As condições START e STOP são reconhecidas como o início e o fim de uma transferência em série. O hardware executa o reconhecimento de endereço após a recepção do endereço escravo e do bit de direcção. O byte de endereço escravo é o primeiro byte recebido após o mestre gerar a condição START. O byte de endereço escravo contém o endereço de 7 bits DS1307, que é 1101000, seguido pelo bit de direcção (R/W), que para uma escrita é 0. Após a recepção e descodificação do byte de endereço escravo, o DS1307 emite um reconhecimento no SDA. Após o DS1307 reconhecer o endereço escravo + bit de escrita, o mestre transmite um endereço de palavra para o DS1307. Isto define o ponteiro de registo no DS1307, com o DS1307 a reconhecer a transferência. O mestre pode então transmitir zero ou mais bytes de dados, com a DS1307 a reconhecer cada byte recebido. O ponteiro de registo aumenta automaticamente após a escrita de cada byte de dados. O mestre irá gerar uma condição STOP para terminar a gravação dos dados.

2.2.9.2 Modo Transmissor Escravo (Modo de Leitura):

O primeiro byte é recebido e tratado como no modo de recepção de escravos. Contudo, neste modo, o bit de direcção indicará que a direcção de transferência é invertida. O DS1307 transmite dados em série no SDA enquanto o relógio em série é introduzido no SCL. As condições START e STOP são reconhecidas como o início e fim de uma transferência em série (ver Figura 5). O byte de endereço escravo é o primeiro byte recebido após a condição START ser gerada pelo mestre. O byte de endereço escravo contém o endereço DS1307 de 7 bits, que é 1101000, seguido pelo bit de direcção (R/W), que é 1 para uma leitura. Depois de receber e descodificar o endereço escravo, o DS1307 emite um aviso de recepção no SDA. O DS1307 começa então a transmitir dados começando com o endereço de registo apontado pelo ponteiro de registo. Se o ponteiro de registo não for escrito antes do início de um modo de leitura, o primeiro endereço lido é o último armazenado no ponteiro de registo. O ponteiro de registo incrementa automaticamente após a leitura de cada byte. O DS1307 deve receber um Aviso de Não-Aceitação para terminar uma leitura.

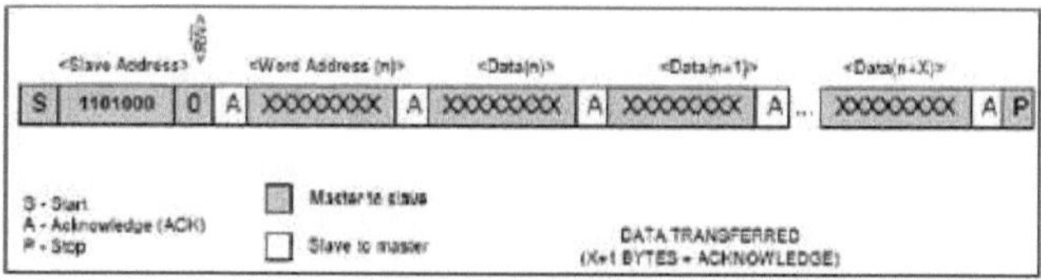

Fig8: Data Write Transmission mode

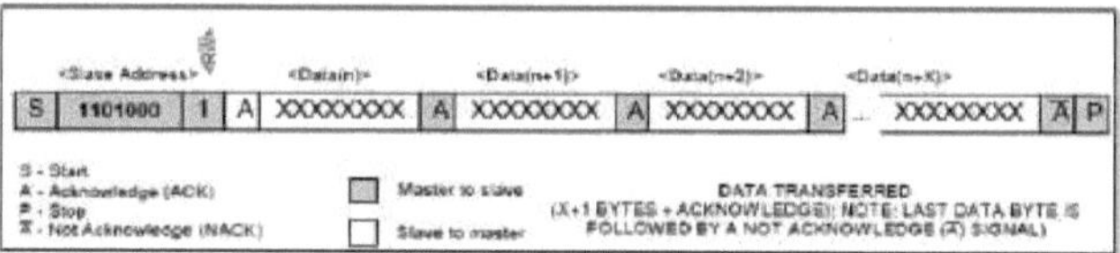

Fig9: Data Read Transmission mode

Fig8: Modo de transmissão de escrita de dados
Fig9: Modo de transmissão de leitura de dados

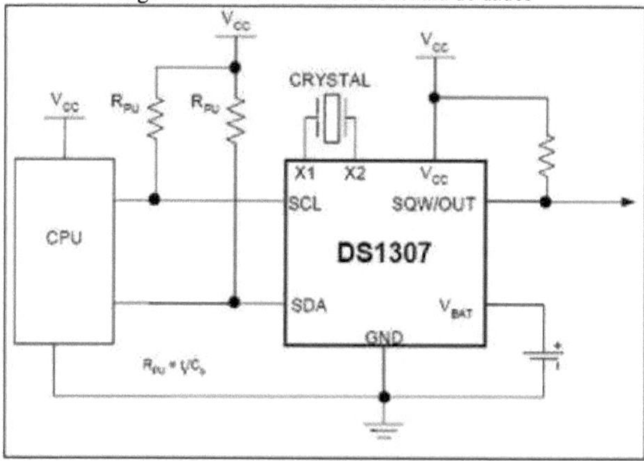

Fig10: Circuito Operacional de DS1307

2.3 Último inquérito:

A indústria energética indiana continua a lutar para atingir os objectivos de produção de energia, e as fontes convencionais, especialmente o carvão, não conseguem acompanhar a procura sempre crescente do país. Como resultado, o interesse deslocou-se para as fontes renováveis de energia. Sublinhando a importância das fontes não convencionais, num inquérito recente a empresas e consumidores residenciais, quase metade dos inquiridos afirmou que a energia solar pode trazer um futuro brilhante.

Conduzida pela Mercom Communications India, uma subsidiária integral da Mercom Capital Group, llc, uma empresa global de comunicação e consultoria, a

-India Consumer Perceptions on Renewable Energy Surveyl (Inquérito aos Consumidores da Índia sobre Energias Renováveis) centrou-se em medir a consciência e as atitudes dos consumidores e das empresas em relação às energias renováveis na Índia. Mais de 1.700 clientes residenciais, comerciais e industriais estiveram envolvidos no estudo.

Segundo 49 por cento dos inquiridos comerciais e 45 por cento dos residenciais, é - muito importante para a Índia desenvolver e utilizar a energia solar. A Índia sofre de uma grave escassez de energia, exacerbada por um fornecimento de carvão inconsistente. Embora a energia solar tivesse a percepção positiva mais forte em comparação com a energia convencional e outras energias renováveis, Mercom acredita que é necessária uma forte campanha orientada pela indústria para educar e informar os consumidores para ajudar os consumidores a compreender que a energia solar é a chave para resolver os problemas de energia, e para converter mais opinião pública de -uma certa importância para - muito importante quando se trata de desenvolver a energia solar na Índia.

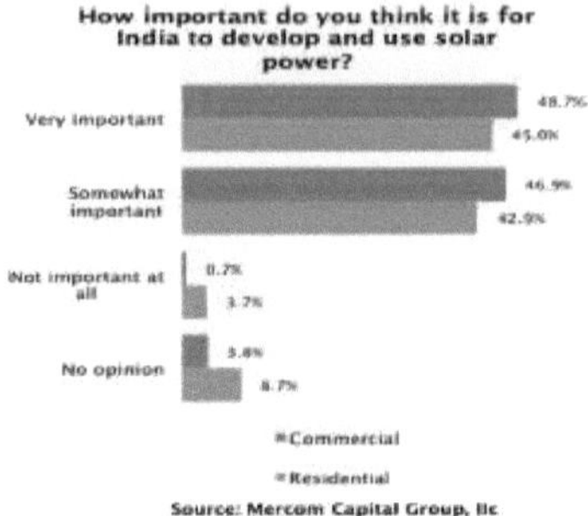

Fig11:IMPORTÂNCIA DE DESENVOLVIMENTO DE PODER SOLAR

Quando questionados sobre a sua impressão da energia solar, 58% dos inquiridos, tanto comerciais como residenciais, disseram ser fortemente favoráveis à energia solar. Apesar do maior favor que os inquiridos deram ao solar em relação a outras fontes de geração, ao longo do nosso inquérito descobrimos uma falta geral de educação e sensibilização, e nalguns casos conceitos errados sobre o solar, tais como a sua utilização ser limitada ao aquecimento de água.

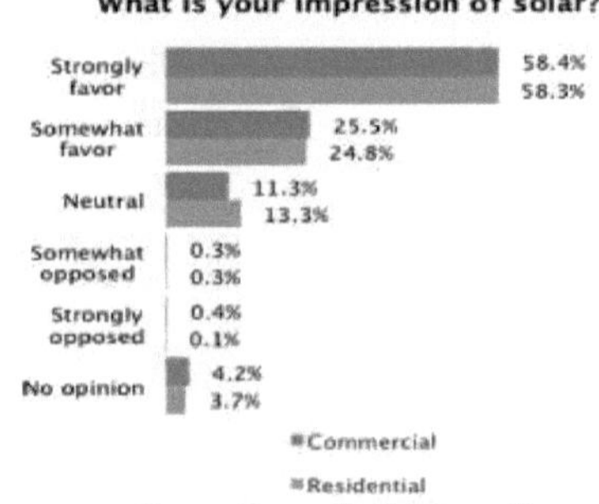

Fig12:IMPRESSÃO SOBRE PODER SOLAR

Isto pode ser porque a indústria solar tem feito muito pouco para informar e educar os consumidores sobre o seu potencial e versatilidade. A indústria solar precisará de um apoio mais forte dos consumidores para pressionar os decisores políticos sobre subsídios, políticas de apoio, uso do solo e outros incentivos, porque a energia solar ainda é uma indústria nascente na Índia.

Quando questionados sobre as vantagens da utilização da energia solar, 71% dos inquiridos comerciais e 65% dos residenciais indicaram que o ambiente é o principal benefício. A - nunca acabar com a fonte de energia renovávell foi o segundo benefício mais citado por 61% dos inquiridos comerciais e 55% dos residenciais, seguidos por -solar ser uma fonte de energia doméstical (57% dos inquiridos comerciais e 49% dos residenciais).

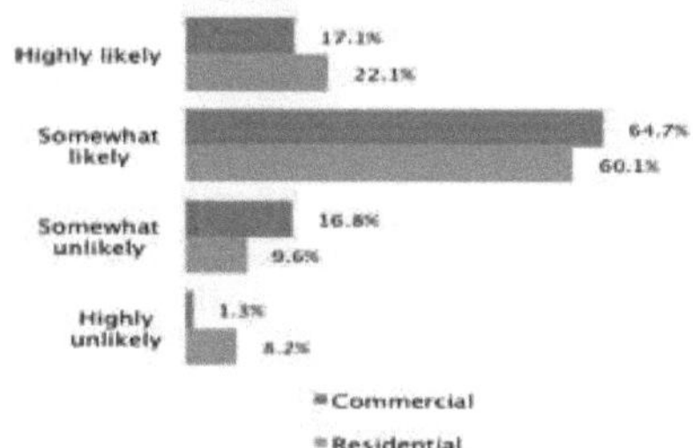

Fig13:VONTADE DE PODER SOLAR

Numa descoberta surpreendente, quando questionados sobre a vontade dos inquiridos de pagar mais pela energia solar, 82% dos inquiridos, tanto comerciais como residenciais, disseram que ou tinham alguma ou muita probabilidade de pagar mais pela energia solar. Dezoito por cento dos inquiridos, tanto comerciais como residenciais, disseram ser ou um pouco improvável ou altamente improvável que pagassem mais pela energia solar. Esta é uma percentagem significativa de consumidores que afirmaram estar dispostos a pagar mais pela energia solar, e demonstra que pode haver uma oportunidade significativa não explorada de vender energia solar a consumidores que voluntariamente pagariam mais pelos seus benefícios.

Um bom modelo de programas de preços premium para as energias renováveis é Austin Energy, a oitava maior empresa pública de electricidade dos Estados Unidos, servindo mais de 1 milhão de residentes. O seu programa -GreenChoicel foi concebido para clientes comerciais e residenciais que voluntariamente optem por pagar um pouco mais (a sua última oferta foi cerca de $0,02 por kilowatt hora acima da tarifa normal para clientes residenciais) para receberem 100 por cento de energia renovável.

Os clientes que escolhem esta opção ficam presos a um preço fixo por até três anos e não sofrerão qualquer outro aumento de preço. Os consumidores comerciais que participam no programa de 3 anos são reconhecidos pelo seu apoio a fontes de energia amigas do ambiente - uma forma de ajudar as empresas a melhorar a sua imagem de marca como mordomos do ambiente. No entanto, as empresas também subscrevem frequentemente o GreenChoice por razões económicas, como uma cobertura contra a volatilidade dos preços dos combustíveis.

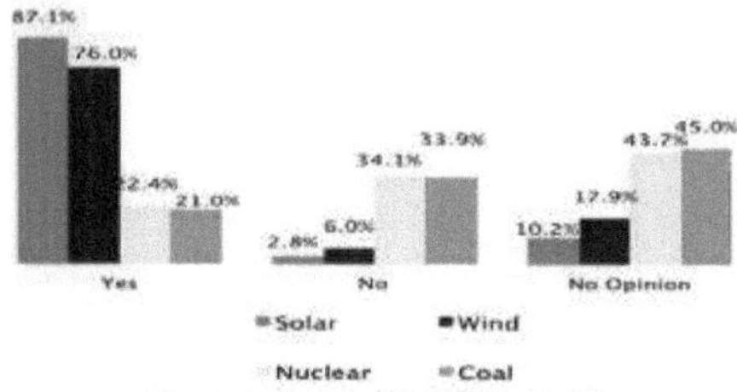

Fig14:APOIO A SUBSÍDIOS PN PODER SOLAR

As vendas através do programa Green Choice totalizaram quase 750.000.000 kilowatt horas em 2012. Este é apenas um exemplo e um modelo a explorar para os serviços públicos indianos que precisam muito de dinheiro. É uma forma de comercializar energia limpa e de angariar receitas adicionais para os gastos solares, ao mesmo tempo que proporciona uma oportunidade às empresas para melhorarem a sua marca.

Os inquiridos apoiaram subsídios para a energia solar sobre outras fontes, com 87 por cento dos inquiridos tanto comerciais como residenciais. A questão da equalização, no entanto, era a fiabilidade. Com problemas constantes de falta de energia, os consumidores querem energia de qualquer fonte, mesmo carvão. A consciência dos consumidores sobre os efeitos nocivos do carvão precisa de ser explorada.

Um número ligeiramente superior de inquiridos, 59 por cento dos comerciais e 52 por cento dos residenciais, disse que mais energia solar terá um efeito muito útil na escassez de energia na Índia. Quando questionados sobre os subsídios governamentais, a energia solar foi mais popular entre os inquiridos com 87 por cento dos inquiridos tanto comerciais como residenciais. Com os subsídios à energia nuclear, 44% dos inquiridos comerciais e 34% dos residenciais não tinham opinião, enquanto 34% dos comerciais e 37% dos consumidores residenciais disseram que não os apoiavam.

Nós na Mercom sempre fomos da opinião que as políticas são eficazes se forem implementadas de baixo para cima com a adesão das partes interessadas. No que diz respeito ao poder, a maioria da população indiana tem um interesse. No entanto, a maioria das políticas actuais foram desenvolvidas de cima para baixo, sem qualquer contributo dos utilizadores finais.

Embora o solar fosse a fonte de energia mais reconhecida, os números de favorabilidade não eram tão elevados como deveriam ser. O carvão, por outro lado, tinha uma elevada percentagem de neutro e sem opiniões. Geralmente, encontrámos muitas oportunidades para a indústria das energias renováveis investir na educação e informação dos consumidores e na diferenciação das energias renováveis dos combustíveis fósseis num país sedento de energia de qualquer tipo.

O inquérito abrangeu uma vasta gama demográfica e geográfica, abrangendo tanto bairros urbanos como rurais em Gujarat, Maharashtra e Karnataka. O questionário foi realizado pessoalmente, tanto em áreas residenciais como comerciais. As respostas foram recolhidas de pessoas de diferentes grupos etários, meios socioeconómicos, educação, profissões e escalões de rendimento.

Os inspectores interrogaram famílias, estabelecimentos comerciais e instalações industriais numa tentativa de descobrir a percepção que as pessoas têm das energias renováveis, e se pensam que abraçar a energia limpa poderia ajudar a melhorar a sua situação energética.

2.4 Desvantagens da Energia Solar:-

Um sério inconveniente para a energia solar é a sua disponibilidade intermitente. Durante condições de sol óptimo, a produção de energia é elevada, mas à medida que o Sol se põe e a escuridão cai, a produção cai para zero. A questão permanece, qual a melhor forma de armazenar a energia que produzimos durante o dia para ser utilizada mais tarde em dias nublados ou durante a noite? Alguns métodos actuais de armazenamento têm inconvenientes. Utilizam materiais dispendiosos, fornecem armazenamento inadequado, têm baixas densidades de energia, ou envolvem processos excessivamente complicados para produzir electricidade. Embora a energia solar ofereça uma fonte de energia sustentável a longo prazo, não é isenta de problemas no seu estado actual.

CHAPTER-3

PROBLEM FORMULATION AND STATEMENT

3.1 Análise: 3.1.1 Representação matemática da célula fotovoltaica:
Uma célula fotovoltaica pode ser representada por uma fonte de corrente em paralelo com um díodo;
na prática nenhuma célula solar é ideal, pelo que lhe é acrescentada uma resistência de derivação e

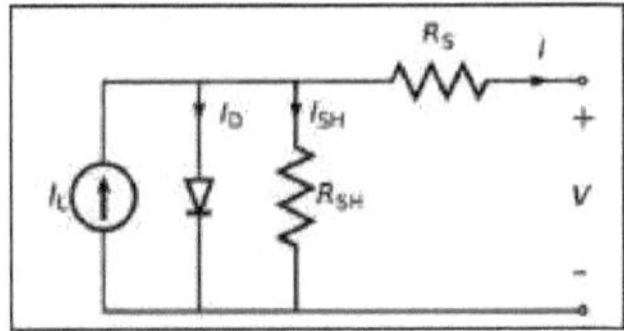

uma resistência de série (como mostra a figura)

FIG15: Representação matemática da célula fotovoltaica

Do diagrama de circuito

$$I= I_L - I_D - I_{SH} \tag{1}$$

Onde, I :Corrente à saída da célula PV; IL :Corrente gerada por fotões; ID : Corrente de díodos; ISH :
Corrente através do ramo de derivação.

Pela equação do díodo de Shockley, a corrente desviada através do díodo é

$$I_D = I_0 \left\{ \exp\left[\frac{V_j}{nV_T}\right] - 1 \right\} \tag{2}$$

Onde, V_j :Voltagem através do díodo; I0 :
Corrente de saturação inversa;
Diodo Factor de Idealidade; $VT:$ Tensão Térmica.
Daí,

$$I = I_L - I_0 \left\{ \exp\left[\frac{V+IR_s}{nV_T}\right] - 1 \right\} - \frac{V+IR_s}{R_{SH}} \tag{3}$$

3.1.2D Determinação da elevação e do ângulo zenital do painel solar, dependendo da hora do dia:
O rastreio de potência óptima de um eixo pode ser implementado rastreando o sol ao longo do seu
ângulo de elevação(^). É o ângulo entre o sol e o plano horizontal(como mostrado na Fig.3). É de 90
(grau) ao meio-dia solar.

$$\sin\beta = \sin(d)\sin(L) + \cos(d)\cos(L)\cos(h) \tag{4}$$

Onde, d= ângulo de declinação, L= latitude do local, h= ângulo horário. Declinação
ângulo pode ser calculado por[7]
Equação de Cooper(5)

$$d = 23.45\sin[360/365(284+n)] \tag{5}$$

Onde, n= datas e.g. para 1st Janeiro é 1, 31st Dezembro o seu valor é 365
O ângulo horário(h) medido a partir do meio-dia solar[8]. Pode ser calculado usando

$$h = 15(t_s - 12) \tag{6}$$

É positivo pela manhã e negativo pela tarde.
3.2 A Equação da Posição Solar:
O sistema de localização deve conhecer a posição do sol para poder seguir o sol. Existem dois
métodos para seguir o sol durante o dia. Um é modo activo e o outro é modo passivo. O modo passivo
é um sistema baseado na linearidade. É puramente dependente da saída dos sensores. Neste sensor

detecta a posição do sol na atmosfera e envia o sinal para o dispositivo de controlo. A desvantagem do sistema de rastreio baseado na linearidade pode afectar pela condição ambiental e física. A radiação solar e o ângulo do sol mudarão em função dos climas sazonais. A energia solar máxima pode ser produzida a partir de concentradores, quando a altitude e o ângulo azimutal dos concentradores estão na posição solar. O dispositivo de localização é necessário para colocar o concentrador na posição do sol. Para utilizar esta radiação solar, é importante calcular o azimute e os ângulos de altitude. Os termos gerais de ângulo solar são ângulo de declinação, ângulo de azimute, ângulo de elevação, ângulo de incidente, ângulo Zenith, ângulo de hora e ângulo de inclinação. A figura mostra a posição do ângulo do sol.

5 - Ângulo de declinação

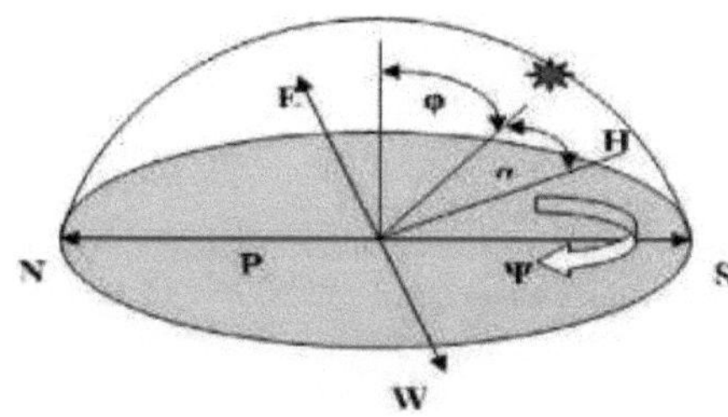

T - Ângulo Azimute a - Ângulo Altitude Φ - Ângulo Zenith P - Plano de Solo H - Horizontal
Fig16: Posição do ângulo solar.

O ângulo de declinação é representado por 5. Embora, a rotação da terra é inclinada por 23,5o e o alcance do ângulo de declinação é $^{-23.5^o \leq \delta \leq +23.5^o}$. Este ângulo pode ser calculado por Eq.

$$\delta = 23.45^o \sin \frac{360}{365}(284 + d)$$

onde d é o dia do ano. O ângulo do azimute solar variará ao longo do dia e do ano. O sol nasce do lado leste e o pôr-do-sol do lado oeste. Os valores de azimute são 0° para o devido norte, 90° para o devido leste, 180° para o devido sul e 240° para o devido oeste. O seguinte Eq. fornece o cálculo do azimute,

$$\cos(\Psi) = \frac{\sin(\alpha)\sin(L)\sin(\delta)}{\cos(\alpha)\cos(L)}$$

onde 'L' é a latitude (Positivo no hemisfério). O ângulo vertical $= \alpha^o$ é denotado como ângulo de altitude.
Cai entre o plano do solo 'P' e o Sol. O ângulo de altitude é calculado utilizando a seguinte fórmula,

$$\sin(\alpha) = [\cos(L) \times \cos(\alpha) \times \cos(H)] + [\sin(L) \times \sin(D)]$$

onde 'H' é o ângulo horário. Elevação Solar no hemisfério norte e hemisfério sul, calculada utilizando a seguinte Eq.

$$\alpha = 90^o - (\varphi - \delta)$$

$$\alpha = 90^o + (\varphi - \delta)$$

O ângulo horário solar aumentará 15o por cada intervalo horário. O ângulo horário será de zero graus à hora do meio-dia. Pode ser calculado através da fórmula abaixo,

$$\cos(H_s) = -\tan(L) \times \tan(\delta)$$

O nascer do sol num ângulo de uma hora (Hs) é -180° <Hs<0° e o pôr-do-sol é 0°
<Hs<180o.O ângulo do zénite solar (φ) é o ângulo entre o sol e a linha vertical desde o plano do solo até ao zénite. O ângulo zénite do solstício de Verão e de Inverno pode ser calculado utilizando o seguinte Eq. respectivamente,

$$\varphi = L - 23.5$$

$$\varphi = L + 23.5$$

3.3 Abordagem proposta:

Neste projecto foi instalado o sistema de rastreio solar desenvolvido. O principal objectivo deste actual sistema de rastreio solar é directamente controlado por um dispositivo de relógio em tempo real (RTC), que fornece tempo real. Com base neste relógio em tempo real, o dispositivo de rastreio seguirá o sol na atmosfera. Este sistema não está dependente do sensor. Assim, os dados da hora actual do dispositivo de RTC que envia directamente para o dispositivo de microcontrolador sem qualquer perda de dados. Um protocolo I2C é utilizado entre o dispositivo RTC e o dispositivo de microcontrolador para a comunicação de dados. A principal vantagem deste protocolo é proporcionar uma rápida transmissão de sinal e funcionamento em ambiente sonoro. Foi utilizado um sistema de engrenagem mecânico simples para rastrear o sol em movimento azimutal. Portanto, o concentrador solar recebe a radiação solar máxima. O benefício deste sistema actual é a baixa potência, o baixo custo e o sistema portátil.

3.4 Vantagens do relógio em tempo real no sistema de localização solar:

A principal vantagem do sistema desenvolvido é linear, independente do sensor e de baixo consumo de energia. A unidade mecânica recebe as entradas do microcontrolador e coloca o concentrador solar no respectivo grau. A unidade de microcontrolador envia os dados de comando para o motor, dependendo do tempo do RTC

3.5 Benefícios do sistema de localização solar em tempo real baseado em relógio (RTC):

Os seguidores geram mais electricidade do que os seus equivalentes estacionários devido ao aumento da exposição directa aos raios solares. Este aumento pode chegar a 10 a 25%, dependendo da localização geográfica do sistema de rastreio.

Existem muitos tipos diferentes de seguidores solares, tais como seguidores de eixo único e de eixo duplo, todos eles podem ser a solução perfeita para um local de trabalho único. O tamanho da instalação, o clima local, o grau de latitude e os requisitos eléctricos são todas considerações importantes que podem influenciar o tipo de seguidor solar mais adequado para uma instalação solar específica.

Os seguidores solares geram mais electricidade aproximadamente na mesma quantidade de espaço necessário para os sistemas de inclinação fixa, tornando-os ideais para optimizar a utilização do terreno.

Em certos estados, algumas empresas oferecem planos de tarifas de Tempo de Utilização (TDU) para energia solar, o que significa que a empresa de serviços públicos comprará a energia gerada durante a hora de ponta do dia a uma tarifa superior. Neste caso, é benéfico gerar uma maior quantidade de electricidade durante estas horas de pico do dia. A utilização de um sistema de monitorização ajuda a maximizar os ganhos de energia durante estes períodos de pico.

Os avanços na tecnologia e fiabilidade da electrónica e mecânica reduziram drasticamente as preocupações de manutenção a longo prazo dos sistemas de localização.

3.6 Vantagens do painel solar de seguimento do sol sobre o seguidor solar:

Os painéis solares de rastreio têm uma série de grandes benefícios. São populares devido a algumas das formas como melhoram os painéis solares fixos. Os principais benefícios incluem.

3.6.1 Eficácia

O desenho principal dos painéis solares que seguem o sol é que eles são significativamente mais eficientes do que os painéis solares fixos. Um rastreador de painel solar de duplo eixo pode ser até 40% mais eficiente do que um painel solar fixo. E mesmo os seguidores de um eixo podem oferecer um impulso de 25% ou mais à sua geração de energia solar.

Cada fóton adicional recolhido é mais energia que pode ser compensada por geradores eléctricos poluentes, como a energia de queima do carvão. Ter um método mais eficiente de aproveitamento da energia solar é um argumento convincente para a instalação de seguidores solares.

Um painel solar mais eficiente pode significar mais energia para a sua casa proveniente de fontes solares e menos de fontes poluidoras. Mas também pode significar que não precisa de tantos painéis solares para alcançar os mesmos objectivos de geração de energia. Com menos painéis solares para comprar e colocar, poderá descobrir que a eficiência dos seguidores solares é suficiente para justificar a sua compra.

Alternativamente, se tiver um espaço limitado e só puder instalar um número específico de painéis na sua propriedade, ter um sistema de seguimento de painéis solares instalado com esses painéis limitados permite-lhe obter a maior quantidade de energia possível nesse espaço. Mesmo que só possa instalar alguns painéis solares, torná-los mais eficientes permite-lhe ir mais longe no caminho da auto-suficiência solar.

3.6.2 Variedade de modelos

Existem muitos tamanhos, tipos e modelos de sistemas de rastreamento de painéis solares. Para além dos eixos simples e duplos, e mesmo para além do seguimento activo e passivo, existem outros subtipos e muitas marcas com tamanhos e configurações diferentes.

Com tanta variedade, pode ser fácil trabalhar com o seu instalador solar para encontrar um tipo de rastreador de painéis solares que se adapte às necessidades únicas do seu local. Se tiver circunstâncias invulgares no seu local, ou restrições específicas de tamanho ou altura, deverá discutir isto com o seu instalador solar. Em conjunto, poderá encontrar uma solução que lhe permita utilizar o rastreador solar que melhor se adapte à sua situação única.

3.6.3 Economia de espaço

Os sistemas de seguimento de painéis solares não requerem muito mais espaço do que um painel solar fixo. Tipicamente, um sistema de seguimento solar permitirá que o seu painel solar gire dentro da mesma área em que o painel fixo caberia. Não precisa de muito espaço extra para o movimento dos painéis.

Além disso, se estiver a adquirir painéis solares com um sistema de rastreio, não precisa de tantos painéis para atingir os seus objectivos de geração de energia. Isto significa que pode utilizar, em média, 30% menos espaço quando estiver a instalar painéis solares de rastreio versus painéis solares fixos, porque pode atingir os seus objectivos de geração de energia com menos painéis.

Esse espaço extra pode significar toda a diferença se o seu sítio tiver um espaço limitado, ou se o espaço que recebe a melhor luz solar for limitado.

3.6.4 Redução dos custos de energia

Se estiver a vender energia de volta ao seu serviço de utilidade pública sob um acordo TOU (time of use), pode muitas vezes criar ainda mais economias nos meses de Verão com um rastreador solar. Uma vez que o sol se mantém bem levantado durante os longos meses de Verão, pode ainda estar a aproveitar a energia solar para fornecer à rede durante estes tempos de utilização elevados.

Com painéis solares suficientes, e um bom sistema de rastreio, pode até gerar mais energia do que a que a sua casa consome. Quando isso acontecer, poderá reduzir a sua conta de serviços públicos a zero ou mesmo começar a sacar rendimentos do seu fornecedor de serviços públicos.

Naturalmente, isto está sujeito aos termos e condições da sua empresa eléctrica local, que variam bastante de fornecedor para fornecedor. Ainda assim, é uma oportunidade de recuperar alguns dos custos associados à instalação de sistemas de rastreamento solar. E seria uma mudança de ritmo bastante agradável ter a sua empresa de energia a enviar-lhe um cheque em vez de uma factura.

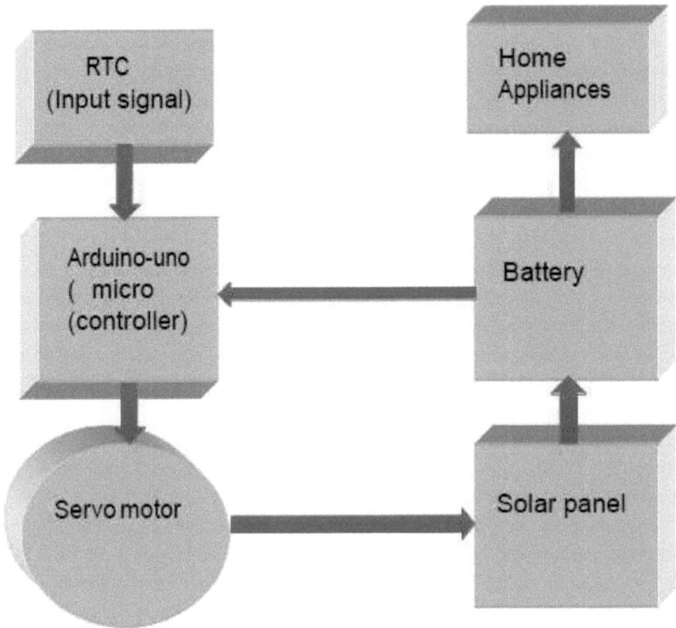

Fig17: Diagrama de blocos

Os principais componentes deste diagrama de blocos são :-

* Relógio em tempo real
* Aurduino-uno
* Servo motor
* Painel solar
* Bateria

O relógio em tempo real envia a hora ao aurduino-uno o aurduino-uno calcula o ângulo azimuital e o ângulo solar, se o ângulo do painel solar for inferior ou superior a 90 graus então envia informação ao servomotor a fim de rodar o painel solar e mantê-lo a 90 graus e se o ângulo for igual a 90 graus o aurduino-uno não envia qualquer informação ao painel solar não irá rodar. O painel solar absorve a energia solar e converte-se em energia eléctrica e esta energia será armazenada na bateria. A energia armazenada será fornecida ao aparelho doméstico convertendo dc em ac, utilizando um inversor.

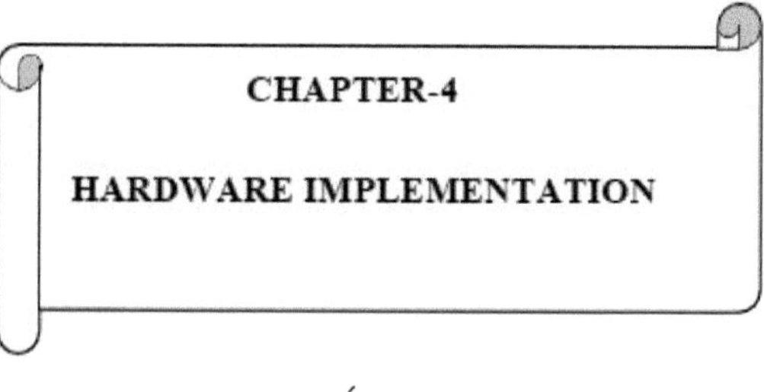

CAPÍTULO 4

4.1 DIAGRAMA ESQUEMÁTICO

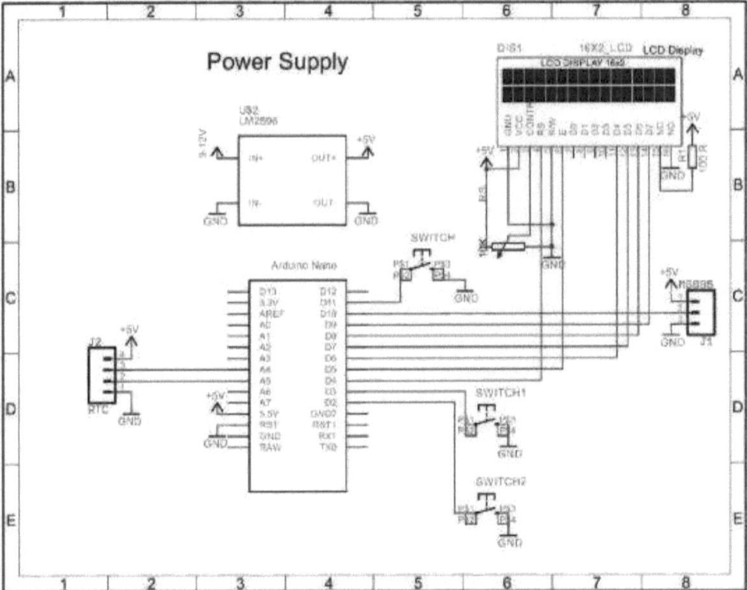

FIG18:Diagrama esquemático

Este capítulo é dedicado a reflectir como utilizámos a nossa investigação e desenho para construir o nosso protótipo do sistema de seguimento do sol. Após uma investigação intensiva sobre todas as técnicas e componentes disponíveis, para satisfazer os requisitos do sistema de rastreio solar desejado e para satisfazer o objectivo principal do projecto, foram seleccionados e implementados métodos e componentes adequados através de circuitos eléctricos. No nosso sistema, temos um circuito de controlo controlado pelo microcontrolador em Arduino. O microcontrolador envia sinal ao polulo mini maestro calculando e comparando o tempo com a ajuda do RTC e o motor faz girar o painel.

4.2 Construção mecânica

Enquanto se fazia a construção mecânica, uma barra de ferro foi ligada verticalmente à base de ferro pesado através de soldadura a gás, a pilha que contém os painéis solares é feita de barra de aço inoxidável (SS) e é ligada à barra vertical através de rolamento de esferas, de modo a que a pilha de painel solar possa facilmente rodar ao longo de um arco horizontal ao longo do dia com o funcionamento do actuador linear.

Para ligar os painéis solares com a pilha de barras SS, foram feitos 3 furos na barra SS perfurando-a e foram montadas barras de ferro na barra SS através desses furos com pequenos rolamentos de esferas para que as barras de ferro possam rodar facilmente em torno do eixo horizontal. As hastes de ferro são montadas na pilha principal de tal forma que são picadas para baixo e cada uma das hastes contém duas placas rectangulares de ferro longo de forma transversal de modo a que o painel solar flexível possa ser facilmente fixado a estas hastes de ferro. A extremidade da haste de ferro que permanece do outro lado do rolamento de esferas é ligada com o servomotor através dos servomotores para uma melhor aderência sobre eles para rodar ao longo de todo o dia.

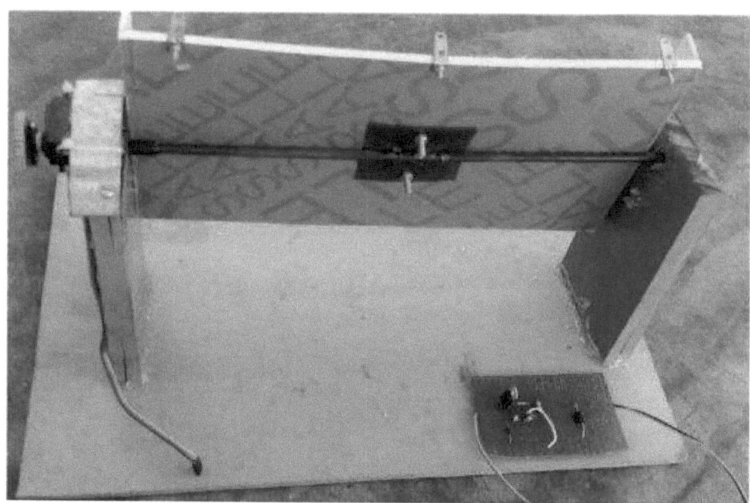
Fig19: Diagrama de construção

4.3 Painel Solar

Os painéis solares são dispositivos que convertem luz em electricidade. São chamados de painéis "solares" porque na maioria das vezes, a fonte de luz mais poderosa disponível é o Sol, chamado Sol pelos astrónomos. Alguns cientistas chamam-lhes fotovoltaicos, o que significa, basicamente, "energia eléctrica da luz! É uma forma de célula fotovoltaica, definida como um dispositivo cujas características eléctricas - por exemplo, corrente, voltagem, ou resistência diferem quando sujeito à luz. Quando os números das células fotovoltaicas são reunidos, cria-se um módulo solar que produzirá energia eléctrica a partir da luz solar. Um painel solar fotovoltaico está na combinação de múltiplas células num único plano. A eficiência da maioria dos painéis solares é de 11-15 por cento. O grau de eficiência mede que percentagem da luz solar que atinge um painel é convertida em electricidade que pode ser utilizada. Quanto maior for a eficiência, menos área de superfície precisaremos nos nossos painéis solares. Embora a percentagem média possa ser minúscula, podemos encaixar sem esforço um telhado típico com energia suficiente para cobrir as nossas necessidades energéticas. Há vários tipos diferentes de painéis e também há variações nas propriedades entre esses painéis.

Existem principalmente três categorias diferentes de painéis solares:

- Células solares monocristalinas de silício
- Células solares de película fina (TFSC) (Amorphous Silicon SolarCells)
- Células solares policristalinas de silício

Os painéis de energia solar fotovoltaica fotovoltaica monocristalina têm sido a escolha por muitos anos. Estão entre as formas mais antigas, mais eficientes e mais fiáveis de produzir electricidade a partir do sol. Uma vez que a eficiência de custos é uma das principais questões a ter em consideração, por isso não o torna apropriado para o sistema ser concebido.

Uma célula solar de película fina é uma célula solar de segunda geração que é produzida pela queda de uma ou mais camadas finas ou película fina (TF) de material fotovoltaico sobre um substrato, tal como vidro, plástico ou metal. Uma vez que a produção de energia eléctrica é pequena, as células solares construídas com silício amorfo têm sido normalmente utilizadas apenas para utilizações de pequena escala, por exemplo, calculadoras. Mas, novos avanços tornaram-nas mais atraentes também para poucos usos em grande escala. Ao utilizar silício amorfo, a produção em massa é fácil mas os painéis solares amorfos não são normalmente muito benéficos para o máximo de locais residenciais. Estes painéis são muito baratos mas, ao mesmo tempo, necessitam também de um espaço enorme e a eficiência dos módulos amorfos para produzir luz solar para electricidade é metade policristalina e metade mono-cristalina, pelo que esta não será uma decisão sensata para escolher o silício amorfo.

Os benefícios actuais que têm sido apresentados no painel solar policristalino tornaram-no mais parecido em termos de eficiência à medida que nos aproximamos nos painéis monocristalinos. Entre todas as vantagens, tem uma vantagem que é algo extra vulgar, ou seja, não é afectado pelas sombras dos edifícios próximos e das árvores sombreadas. Além disso, adquirimo-lo em menor velocidade e é muito mais eficiente. Assim, para a nossa utilização, uma vez que tentaremos utilizar os nossos painéis em áreas urbanas como a cidade de Daca, é altamente aconselhado o uso de painéis solares policristalinos devido à sua eficiência.

4.4 Servo Motor-MG 995

Os servomotores (ou servos) são dispositivos eléctricos autónomos (ver Figura 2.3 abaixo) que rodam ou accionam partes de uma máquina com grande precisão. Um servo é um pequeno dispositivo que utiliza um motor CC de dois fios, um trem de engrenagem, um potenciómetro, um circuito integrado, e um eixo de saída.

Dos três fios que saem da caixa do motor, um é para energia, outro é para terra, e o outro é uma linha de entrada de controlo. A potência do servo é de 6 volts e fornece 66,7 oz-in. de torque máximo a 70r/min. Estão equipados com um mecanismo de servo para um controlo preciso da posição angular. Os servomotores RC têm tipicamente um limite de rotação de 90° a 180°. Poucos servos têm um limite de rotação de 360° ou mais. Mas os servos não rodam continuamente. A sua rotação é limitada entre os ângulos fixos. Estamos a utilizar três servomotores no nosso sistema que consequentemente gira o painel superior, médio e inferior à medida que o tempo avança. Os servomotores não estão directamente ligados ao arduino mas sim ao pololu mini maestro 12. O pololu irá executar os três servomotores do nosso sistema.

4.4.1 Características do Servo Motor-MG 995:

- Voltagem: 4,8-6,0Volts
- Torque: 45,8/66,7 oz-in.(4,8/6,0V)
- Velocidade: 60/70 r/min(4.8/6.0V)
- Rotação: 360°
- Rolamento duplo de esferas
- Engrenagens plásticas + 1 Engrenagem metálica
- 25T Spline
- Ajuste do ponto de repouso

Figura20 : Servo Motor Mg 995.

Os servos controladores têm três fios - Castanho, Vermelho e Laranja. O castanho liga-se ao solo do Arduino. O vermelho liga-se aos 5V no Arduino. Laranja liga-se ao pino I/O no Arduino, neste caso o pino digital 9. Os fios do jumper são utilizados para ligar entre os conectores fêmea no cabo do servo e os cabeçalhos do Arduino.

4.5 Relógio em Tempo Real

O componente que permite ao microcontrolador controlar o tempo mesmo se for reprogramado, ou se a energia for perdida, esse componente é conhecido como RTC(Real Time Clock).

O RTC é ideal para diferentes fins, tais como...

* Registo de dados
* Construção de relógios
* Carimbo de tempo
* Areia temporizada
* Alarme setc.

O DS1307 é um relógio em tempo real I^2 C de baixo custo e extremamente preciso (RTC) com um oscilador de cristal integrado de temperatura compensada (TCXO) e cristal. O dispositivo incorpora uma entrada de bateria, e mantém uma cronometragem precisa quando a alimentação principal do dispositivo é interrompida. A integração do ressonador de cristal aumenta a precisão a longo prazo do dispositivo, bem como reduz a contagem de peças numa linha de fabrico. O DS1307 está disponível nas gamas de temperatura comercial e industrial, e é oferecido num pacote de 16 pinos, 300- mil SO.

O RTC mantém informações sobre segundos, minutos, horas, dia, data, mês, e ano. A data no final do mês é automaticamente ajustada para meses com menos de 31 dias, incluindo correcções para o ano bissexto. O relógio funciona no formato de 24 horas ou 12 horas com um indicador activo baixo AM/PM. São fornecidos dois alarmes programáveis de tempo do dia e uma saída de onda quadrada programável. O endereço e os dados são transferidos em série através de um autocarro bidireccional I2C.

Um circuito de referência e de comparação de tensão com compensação de temperatura de precisão monitoriza o estado do VCC para detectar falhas de energia, para fornecer uma saída de reset, e para mudar automaticamente para a alimentação de reserva quando necessário. Além disso, o pino RST activo-baixo é monitorizado como uma entrada de botão para gerar um reset do LIP[4].

4.5.1 Características principais

* RTC Altamente Preciso Gere Completamente todas as Funções de Cronometragem
* Relógio em tempo real conta segundos, minutos, horas, data do mês, mês,
* Dia da Semana, e Ano, com compensação de ano BISSEXTO válida até 2100
* Precisão ±2ppm de 0°C a+40°C
* Precisão ±3,5ppm de -40°C a+85°C
* Saída de Sensor de Temperatura Digital: ±3°caccuracia
* Registo para o Envelhecimento
* saída RST ativa-baixa/ BOTÃO Reset Debounce Input
* Dois alarmes de TEMPO DO DIA
* Sinal de saída de onda QUADRADA programável
* Interface Serial Simples Liga-se à maioria dos microcontroladores
* Rápido (400kHz) I^2 CInterface
* entrada de BACKUP de bateria para a manutenção contínua do tempo
* Funcionamento a baixa potência Prolonga o tempo de autonomia da BATERIA
* 3.3voperação
* Faixas de temperatura de funcionamento: Comercial (0°C a +70°C) e Industrial (-40°C a + 85°C)

Figura21: DS1307 (RTC).

A DS1307 foi escolhida devido às suas características convenientes em comparação com a sua concorrente mais próxima DS1307. Ao utilizar a DS1307, a temperatura externa pode afectar a frequência do circuito oscilador que conduz o contador interno da DS1307. Isto resultará normalmente com o relógio desligado por cerca de cinco minutos por mês. O DS1307 é muito mais preciso, uma vez que tem um oscilador interno que não é afectado por factores externos - e por isso é preciso até alguns minutos por ano, no máximo...

4.5.2 Ligá-lo com o Arduino

- O pino SCL de DS1307 deve ser ligado à porta A5 de Arduino nano
- O pino SDA liga-se ao porto A4
- O pino VCC liga-se ao porto de 5V do Arduino
- O GND liga-se ao porto GND.

Fig22:RTC INTERFACING AURDUINO NANO

4.5.3 As especificações da bateria CR2032 são apresentadas abaixo:

Item	Desempenho Características
Tensão Nominal	3 V
Capacidade Nominal	220 mAh
ContinuousStandard Drenagem	0,2 mA
Diâmetro	20 mm
Altura	3,2 mm
Peso aproximado	2.9 g
Temperatura de funcionamento	-30 a 60 graus C

Tabela4:especificações da bateria CR2032

4.6 Revisão do conversor de dólar DC para DC com base na LM2596

Fig23:LM2596

- Tensão de entrada:4.5-35V

- Tensão de saída: 1.5-35V(Ajustável)

- Corrente de saída: A corrente nominal é 2A, máximo 3A(é necessário um dissipador de calor adicional)

- Eficiência de Conversão: Até 92% (quanto maior for a tensão de saída, maior será a eficiência)

- Protecção contra curto-circuitos: Limitação de corrente, desde a recuperação

- Regulação de carga: ± 0,5%

- Regulação de Voltagem: ± 2,5%

- Inspecção Visual: Uma inspecção visual mostra que o pequeno PCB contém apenas uma mão cheia de componentes.

A especificação afirma que o módulo pode aceitar uma tensão de entrada entre 4,5v e 35v e é reconfortante ver que o condensador do reservatório de entrada é classificado a 50v. Um bom engenheiro constrói sempre com uma pequena margem. É menos tranquilizador ver que a tensão máxima de saída dos módulos é também de 35v, no entanto, os projectistas optaram por classificar apenas o condensador de saída a 35v. Este condensador também terá de trabalhar bastante e um condensador ESR baixo e correctamente classificado teria sido melhor.

O regulador IC parece ser uma LM2596 com um crachá de identificação, embora eu não reconheça o carimbo dos fabricantes.

Os restantes componentes parecem ser bastante padronizados e, de facto, todo o desenho parece seguir o exemplo dado na ficha técnica.

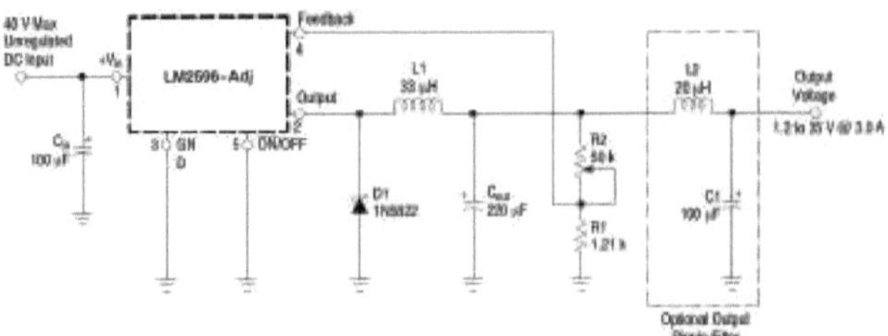

Fig24:LM2596 Circuito interno

As duas excepções são o indutor que é um 47uH em vez do recomendado 33uH (embora eu tenha alguns destes módulos que têm o
33uH indutor), e o díodo. O díodo Schottky recomendado deve ter uma classificação de 3A; correspondendo à classificação máxima do regulador IC. Está marcado SS34 que, de acordo com a ficha de dados, é um díodo Schottky classificado em 3A, o que é bom. Contudo, a folha de dados também fornece as dimensões físicas do díodo e este díodo é consideravelmente mais pequeno. De facto, olhando para as dimensões do díodo, parece que este díodo está provavelmente classificado apenas em 1A. Um dos outros módulos do lote tinha um díodo marcado SS14 que é uma variante de 1A.

4.6.1 Teste:-

A única forma de testar uma PSU é ligá-la, colocá-la sob algum tipo de carga e pressioná-la até falhar, e foi isso que fiz. O módulo foi ligado à minha fiel PSU de saída variável 5A definida para 15v e também ligada a uma carga electrónica ARRAY que pode gerar uma carga totalmente ajustável de 0 a 150 watts. Também liguei uma sonda de temperatura ao IC regulador, pois estas coisas têm o hábito desagradável de ficar muito quentes, muito rapidamente e é uma boa ideia monitorizar a temperatura de perto se não quiser uma nuvem de fumo, um clarão brilhante e os restos de um IC regulador a passar pelo seu ouvido. O módulo foi ligado com a sua saída definida para 9v, a carga aplicada e os resultados registados.

4.7 Arduino Nano:-

O Arduino Nano é uma placa pequena, completa e amiga do pão, baseada no ATmega328 (Arduino Nano 3.0) ou ATmega168 (Arduino Nano 2.x). Tem mais ou menos a mesma funcionalidade do ArduinoDuemilanove, mas num pacote diferente. Falta-lhe apenas uma tomada de corrente contínua, e funciona com um cabo Mini-B USB em vez de um cabo padrão. O Nano foi concebido e está a ser produzido pela Gravitech.

Figura25: Arduino Nano

4.7.1 Descrição:-

A família 8051 de microcontroladores é baseada numa arquitectura altamente optimizada para sistemas de controlo incorporados. É utilizado numa grande variedade de aplicações, desde equipamento militar a automóveis e teclado. A família 8051 de microcontroladores está disponível numa vasta gama de variações de fabricantes como a Intel, Philips, e Siemens. Estes fabricantes adicionaram numerosas características e periféricos ao 8051, tais como interfaces I2C, conversores analógicos para digitais, temporizadores de watchdog, e saídas com modulação de largura de pulso. Estão disponíveis variações do 8051 com velocidades de relógio até 40MHz e requisitos de tensão até 1,5 volts. Esta vasta gama de peças baseadas em oncore torna a família 8051 uma excelente escolha como arquitectura de base para toda a linha de produtos de uma empresa, uma vez que pode desempenhar muitas funções e os programadores só terão de aprender esta plataforma única.

O AT89S52 é um microcontrolador CMOS8-bit r de baixa potência e alto desempenho com 8K bytes de memória Flash programável no sistema. O dispositivo é fabricado utilizando a tecnologia de memória não volátil de alta densidade da Atmel e é compatível com as instruções da norma industrial 80C51 e pin out. O Flash on-chip permite que a memória do programa seja reprogramada no sistema ou por um programador de memória não volátil convencional. Ao combinar um versátil CPU de 8 bits programável Flash dentro do sistema num chip monolítico, o Atmel AT89S52 é um microcontrolador potente que fornece uma solução altamente flexível e rentável para muitas aplicações de controlo incorporadas. Além disso, o AT89S52 foi concebido com lógica estática para funcionamento até frequência zero e suporta dois modos de poupança de energia seleccionáveis por software. O modo inactivo pára o CPU enquanto permite que a RAM, temporizador/contadores, porta série, e sistema de interrupção continuem a funcionar. O modo Power-down poupa os con-tents da RAM mas congela o oscilador, desactivando todas as outras funções do chip até à próxima interrupção ou reinicialização do hardware.

4.7.2 Características do Arduino nano:-

A arquitectura básica do AT89S52 é constituída pelas seguintes características:

- Compatível comMCS-51Produtos
- 8KBytesofIn-SystemProgrammable(ISP)Memória Flash
- 4.0Vto 5.5voperatingrange
- funcionamento totalmente estático:0hzto33mhz
- 256X8-BITINTERNALRAM
- 32 linhas PROGRAMÁVEISI/O
- três16-bittimer/contadores
- Oito Fontes de Interrupção
- Canal Serial Duplex UART completo
- Modos de marcha lenta e de baixo consumo de energia
- Interromper a recuperação a partir do modo Power-down
- Temporizador Watchdog
- Tempo de Programação Rápido
- Programação flexível de ISP (Byte e Modo Página)

4.7.3 Micro Controlador:-

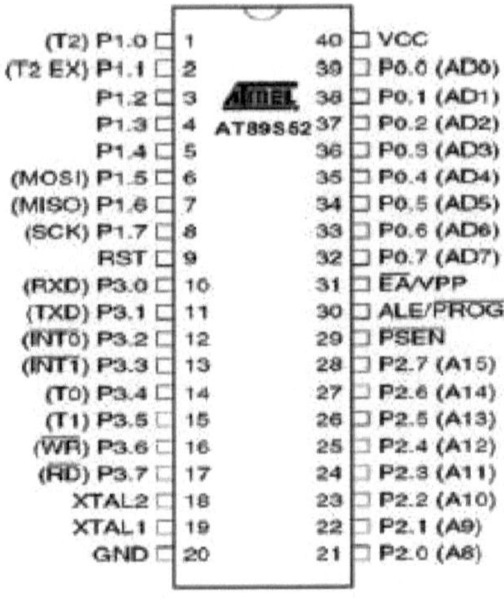

Figura26:Aurduino Micro Controller

Micro controlador é um circuito integrado ou um chip com um processador e outros dispositivos de suporte como memória de programa, memória de dados, portas de E/S, interface de comunicação em série, etc., integrados entre si. Ao contrário de um microprocessador (ex:Intel8085), um microcontrolador não requer qualquer interface externa de dispositivos de suporte. O Intel 8051 é o microcontrolador mais popular alguma vez produzido no mercado mundial.

4.7.3.1 Características do AT89S52 Micro Conroller:-

4.7.3.1.1 8K Bytes de Memória Flash Re-Programável.

4.7.3.1.2 A RAM é de 256 bytes. 4.0V a 5.5V Gama de funcionamento.

4.7.3.1.3 Operação Totalmente Estática: 0 Hz a 33 MHz's

4.7.3.1.4   Memória de programa de três   níveisLock   .

4.7.3.1.532   linhas de E/S programáveis.

4.7.3.1.6Três   Temporizadores/Contadores de 16 bits.

4.7.3.1.7 Oito   Fontes de Interrupção.

4.7.3.1.8   Canal Serial UART Duplex Completo.

4.7.3.1.9 Interromper a recuperação do modo de desligar.

4.7.3.1.10Watchdog   timer.

4.7.3.1. 11Ponteiro de dados manual.

4.7.3.1. 12Bandeira de desligar a energia.

4.7.3.1.13Prazo de programação.

4.7.3.1.14   RAM interna de 8 bits.

4.8 Ecrã de cristais líquidos:

Figura27: Ecrã LCD

Um visor de cristais líquidos (LCD) é um visor de ecrã plano ou outro visor electrónico que utiliza as propriedades de modulação da luz dos cristais líquidos. Os cristais líquidos não emitem luz directamente. Os LCD estão disponíveis para exibir imagens arbitrárias (como num ecrã de computador de uso geral) ou imagens fixas com baixo conteúdo de informação, que podem ser exibidas ou escondidas, tais como palavras predefinidas, dígitos, e ecrãs de 7 segmentos, como num relógio digital. Os LCDs são utilizados numa vasta gama de aplicações, incluindo monitores de computador, televisões, painéis de instrumentos, ecrãs de cabina de pilotagem de aeronaves e sinalização.

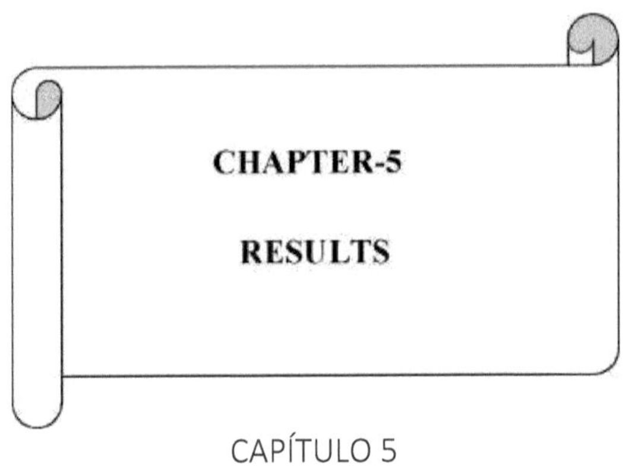

CAPÍTULO 5

Fig28:Implementação do circuito

Quadro.I PAINEL VOLTAGEM COM RESPEITO AO TEMPO

S.NO	TEMPO	VOLUME DO PAINEL
1	8.00 da manhã(inicial)	9.0
2	9.00 AM	13.0
3	10.00 DA MANHÃ(T^{ST}	15.5
4	11.00 AM	17.2
5	1:2.00PM(2nd	18.0
6	1.OOPM	19.0
7	14.00PM(3rd tilt)	16.9
8	15.00PM	16.2
9	4.00PM A4"[1] tilt)	14.8
10	17.00PM	11.3
11	18.00PM(verso)	5.2

Quadro5: VOLTAGEM DO PAINEL

5 GRÁFICO FLUENTE

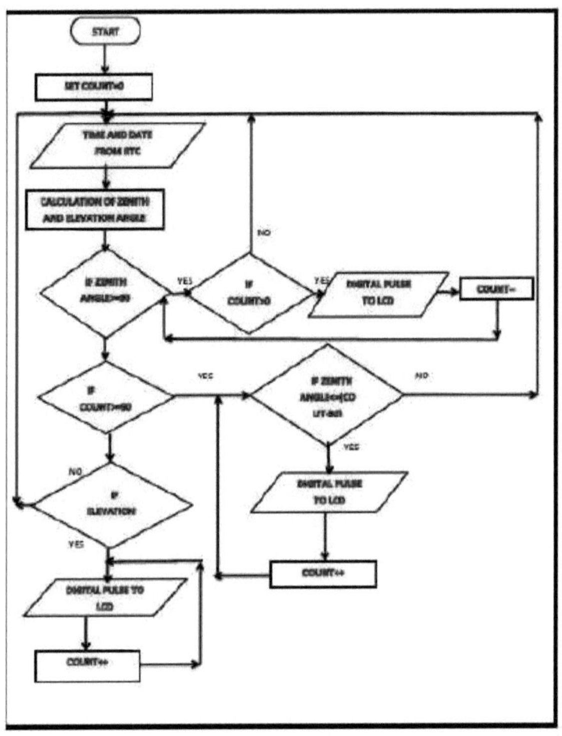

CONCLUSÃO

Foi implementado um rastreador solar baseado em RTC. Embora seja de eixo único, a principal vantagem deste seguidor solar é o seu baixo custo de fabrico, uma vez que não foi adicionado nenhum sensor. Também segue com precisão o sol para que a luz solar permaneça perpendicular ao painel a maior parte do tempo. Além disso, pode ser implementado em qualquer lugar. Uma das características mais impressionantes deste protótipo é que é um circuito de circuito aberto, sendo assim estável e robusto e não será afectado por ruído ou outras distorções.

Uma vez que o LDR ou outros circuitos que consomem energia não são utilizados, obtemos muito menos energia do circuito. A potência extraída do mesmo é 15-22% maior do que a dos sistemas fixos convencionais. Embora seja inferior a um seguidor solar de duplo eixo. Mas minimizámos a potência consumida por um grande motor CC ou servo motor que é necessária para mover o painel solar de acordo com o ângulo azimutal.

Este tipo de protótipo pode ser facilmente criado para painéis solares com uma classificação até uma gama de 15 W, mas para painéis solares, com a classificação maior, o desenho da construção e o uso do motor mudarão. Um grande número deste protótipo pode ser usado para circuitos de carga solar e iluminação pública, uma vez que necessitam de uma menor necessidade de energia. Conclui-se que se a produção em massa de tal dispositivo tiver sido implementada, então a escassez iminente de electricidade pode ser evitada em países em desenvolvimento como a Índia.

FUTURO ESCOPO:

A inovação na tecnologia solar continua a melhorar a eficiência, o tamanho e o custo, tornando-a mais difundida em toda a sociedade. A tendência é para a incorporação da energia solar em mais edifícios para além dos painéis colocados sobre o telhado. As aplicações frias incluem: telhas solares, película solar, estradas solares, e janelas solares.

Outras inovações que estão a ser exploradas são: a esfera solar, carros solares (comercialmente disponíveis), balões solares, nano fios, e o trabalho com o espectro infravermelho. Como gerente do Green Mountain Energy Sun Club, estou entusiasmado com estes avanços na tecnologia solar e com a parte crescente que este recurso livre de poluição irá proporcionar nas nossas vidas. Um futuro solar está mais próximo do que se possa pensar!

REFRÊNCIAS

A. Zahedi, -Energia, pessoas, ambiente, desenvolvimento de um sistema integrado de energia renovável e de armazenamento de energia, um fornecimento ininterrupto de energia para as pessoas e para o ambiente,! Int'l Conf, on Systems, Man ,and Cybernetics, 1994. _Humans Information and Technology', vol. 3, pp. 2692- 2695, 1994.

[2] Renewable Energy : An overview, DOE/GO-102001-1102, FS175, Março de 2001.

[3] Md. Sohag, Md. Hasan, Mst. Khatun, M. Ahmed, -Um sistema de rastreamento solar preciso e eficiente usando processamento de imagem e sensor LDR!, IEEE Trans., página 522-525, EICT 2015

[4] A. Stjepanovic, S.Stjepanovic, F.Softic, Z. Bundalo, - Sistema de rastreamento solar baseado em microcontrolador!, TELSIKS 2009, IEEE Trans., página 518-522.

[5] Eduardo Lorenzo (1994). Electricidade solar: Engenharia de Sistemas Fotovoltaicos. Progensa. ISBN 8486505550

[6] Jenny Nelson(2003). The Physics of Solar Cells, Imprensa do Colégio Imperial, ISBN: 978-1-86094-340-9

[7] S. Wang, W.Gao, e S.Huang, -Pesquisa sobre o suntracker misto de dois eixos,! Renewable Energy Resources, vol.25, no.6, pp.10-13, 2007 [8] ReccabManyala, "Solar Collectors and Panels, Theory and Applications, "IN: general formula for onaxis suntracking system,Kok-Keong Chong, Chee- Woon Wong , InTech Europe, pp.263-292 October, 2010.

Printed by Books on Demand GmbH, Norderstedt / Germany